The Complete Guide to Soil Health Monitoring in Precision Agriculture

सटीक कृषि में मृदा स्वास्थ्य निगरानी के लिए संपूर्ण मार्गदर्शिका

Shiva Kumar

Title: The Complete Guide to Soil Health Monitoring in Precision Agriculture

Author's: Shiva Kumar

This book was printed and published by [Publisher's: **Shiva Kumar**] in [2023]

ISBN:

TABLE OF CONTENT

Chapter 1: The Importance of Soil Health 09

Introduction to soil health and its impact on crop production and environmental sustainability.

Importance of soil health monitoring for precision agriculture.

Benefits of soil health monitoring: increased yield, reduced input costs, improved water quality, and reduced soil erosion.

Challenges and limitations of soil health monitoring.

Chapter 2: Understanding Soil Properties 19

Physical properties: texture, structure, bulk density, porosity, and water holding capacity.

Chemical properties: pH, cation exchange capacity, electrical conductivity, and nutrient levels.

Biological properties: microbial activity, organic matter content, and soil biodiversity.

Impact of soil properties on plant growth and crop production.

Chapter 3: Monitoring Soil Health Methods 30

- Traditional methods: soil testing, visual assessment, and plant analysis.
- Advanced methods: soil sensors, remote sensing, and soil health modeling.
- Comparison of different methods: advantages, limitations, and costs.
- Selecting the appropriate monitoring method based on specific needs and resources.

Chapter 4: Implementing Soil Health Monitoring Programs 43

- Developing a soil health monitoring plan: objectives, sampling strategies, data analysis, and decision making.
- Utilizing technology for data collection, management, and visualization.
- Interpreting soil health data and identifying areas for improvement.
- Developing and implementing soil health management strategies based on monitoring results.

Chapter 5: The Future of Soil Health Monitoring 55

Emerging technologies and advancements in soil health monitoring.

Role of AI and machine learning in data analysis and decision support.

Big data and its potential for soil health monitoring applications.

Challenges and opportunities for sustainable soil health management.

Conclusion: the importance of continuous monitoring and adaptation for long-term soil health and agricultural success.

TABLE OF CONTENT

अध्याय 1: मृदा स्वास्थ्य का महत्व 09

- मृदा स्वास्थ्य का परिचय और फसल उत्पादन और पर्यावरणीय स्थिरता पर इसका प्रभाव।
- सटीक कृषि के लिए मृदा स्वास्थ्य निगरानी का महत्व।
- मृदा स्वास्थ्य निगरानी के लाभ: बढ़ी हुई उपज, कम इनपुट लागत, बेहतर जल गुणवत्ता और कम मिट्टी का क्षरण।
- मृदा स्वास्थ्य निगरानी की चुनौतियां और सीमाएं।

अध्याय 2: मृदा गुणों को समझना 19

- भौतिक गुण: बनावट, संरचना, थोक घनत्व, सरंध्रता और जल धारण क्षमता।
- रासायनिक गुण: पीएच, धनायन विनिमय क्षमता, विद्युत चालकता और पोषक तत्वों का स्तर।
- जैविक गुण: सूक्ष्मजीवी गतिविधि, कार्बनिक पदार्थ की मात्रा और मृदा जैव विविधता।
- पौधों की वृद्धि और फसल उत्पादन पर मृदा गुणों का प्रभाव।

अध्याय 3: मृदा स्वास्थ्य निगरानी के तरीके 30

पारंपरिक तरीके: मृदा परीक्षण, दृश्य मूल्यांकन और पौधों का विश्लेषण।

उन्नत तरीके: मिट्टी के सेंसर, दूरस्थ संवेदन और मृदा स्वास्थ्य मॉडलिंग।

विभिन्न तरीकों की तुलना: लाभ, सीमाएं और लागत।

विशिष्ट आवश्यकताओं और संसाधनों के आधार पर उपयुक्त निगरानी पद्धति का चयन।

अध्याय 4: मृदा स्वास्थ्य निगरानी कार्यक्रमों का कार्यान्वयन 43

मृदा स्वास्थ्य निगरानी योजना विकसित करना: उद्देश्य, नमूनाकरण रणनीति, डेटा विश्लेषण और निर्णय लेना।

डेटा संग्रह, प्रबंधन और दृश्यता के लिए प्रौद्योगिकी का उपयोग करना।

मृदा स्वास्थ्य डेटा की व्याख्या करना और सुधार के लिए क्षेत्रों की पहचान करना।

निगरानी परिणामों के आधार पर मृदा स्वास्थ्य प्रबंधन रणनीति विकसित करना और कार्यान्वित करना।

अध्याय 5: मृदा स्वास्थ्य निगरानी का भविष्य 5

- मृदा स्वास्थ्य निगरानी में उभरती प्रौद्योगिकियां और प्रगति।
- डेटा विश्लेषण और निर्णय समर्थन में AI और मशीन लर्निंग की भूमिका।
- बड़ा डेटा और मृदा स्वास्थ्य निगरानी अनुप्रयोगों के लिए इसकी क्षमता।
- स्थायी मृदा स्वास्थ्य प्रबंधन के लिए चुनौतियां और अवसर।
- निष्कर्ष: दीर्घकालिक मृदा स्वास्थ्य और कृषि सफलता के लिए निरंतर निगरानी और अनुकूलन का महत्व।

Chapter 1: The Importance of Soil Health

अध्याय 1: मृदा स्वास्थ्य का महत्व

मृदा स्वास्थ्य का परिचय और फसल उत्पादन एवं पर्यावरणीय स्थिरता पर इसका प्रभाव

मृदा, जीवन का आधार, कृषि उत्पादकता के लिए एक अपरिहार्य घटक है। स्वस्थ मृदा न केवल फसलों को बढ़ने के लिए आवश्यक पोषक तत्व प्रदान करती है, बल्कि स्वच्छ पानी को फिल्टर करती है, हवा को शुद्ध करती है, और कार्बन को संग्रहित करती है। दुर्भाग्य से, कई कारक मृदा स्वास्थ्य को खतरे में डाल रहे हैं, जिससे फसल की पैदावार में कमी, पर्यावरणीय क्षरण और खाद्य सुरक्षा के लिए खतरा पैदा हो रहा है।

मृदा स्वास्थ्य क्या है?

मृदा स्वास्थ्य को एक जीवंत पारिस्थितिकी तंत्र के रूप में मिट्टी की क्षमता के रूप में परिभाषित किया जा सकता है। यह पौधों और जानवरों को बनाए रखने, पानी और वायु की गुणवत्ता बनाए रखने या बढ़ाने और पौधों और जानवरों के स्वास्थ्य को बढ़ावा देने के लिए आवश्यक जैविक, रासायनिक और भौतिक गुणों का एक संतुलित संयोजन है।

स्वस्थ मृदा में निम्नलिखित विशेषताएं होती हैं:

भौतिक गुण: अच्छी संरचना, जल धारण क्षमता, और वातन

रासायनिक गुण: आवश्यक पोषक तत्वों का संतुलित स्तर, तटस्थ pH, और कम लवणता

- जैविक गुण: विविध और प्रचुर मात्रा में मृदा जीव, उच्च जैविक पदार्थ और कार्बन भंडारण

मृदा स्वास्थ्य फसल उत्पादन को कैसे प्रभावित करता है?

स्वस्थ मृदा पौधों को पनपने के लिए आवश्यक सभी पोषक तत्व और संसाधन प्रदान करती है। स्वस्थ मृदा में:

- पौधों को जड़ें मजबूत और गहरी बढ़ाने में मदद मिलती है, जिससे उन्हें पोषक तत्वों और पानी तक बेहतर पहुंच मिलती है।
- जैविक पदार्थ मिट्टी को पोषक तत्वों को बनाए रखने में मदद करता है और उन्हें पौधों को उपलब्ध कराता है।
- मृदा जीव मृदा जैविक पदार्थ को विघटित करते हैं, पोषक तत्वों को चक्रित करते हैं और पौधों के लिए रोगजनकों को दबाते हैं।
- स्वस्थ मृदा पौधों को सूखा और बाढ़ के प्रति अधिक लचीला बनाती है।

इन कारकों के परिणामस्वरूप, स्वस्थ मृदा में फसल की पैदावार अधिक और अधिक स्थिर होती है। इससे किसानों को अपनी आय बढ़ाने और खाद्य सुरक्षा में सुधार करने में मदद मिलती है।

मृदा स्वास्थ्य पर्यावरणीय स्थिरता को कैसे प्रभावित करता है?

स्वस्थ मृदा पर्यावरण के कई महत्वपूर्ण कार्यों को पूरा करती है:

- कार्बन अनुक्रम: मृदा कार्बन का एक महत्वपूर्ण भंडार है, जो वातावरण में कार्बन डाइऑक्साइड के स्तर को स्थिर करने में मदद करता है। स्वस्थ मृदा कार्बन को अधिक कुशलता से संग्रहित करती है, जिससे जलवायु परिवर्तन को कम करने में मदद मिलती है।

पानी की गुणवत्ता: स्वस्थ मृदा पानी को फिल्टर करती है और प्रदूषकों को हटाती है, जिससे स्वच्छ पेयजल स्रोतों की रक्षा होती है।

कटाव नियंत्रण: स्वस्थ मृदा में अच्छी संरचना होती है, जो इसे कटाव से बचाती है। यह मिट्टी को बहने से रोकता है और जलमार्गों को प्रदूषित होने से बचाता है।

कृषि की सटीकता के लिए मृदा स्वास्थ्य निगरानी का महत्व

कृषि की सटीकता 21वीं सदी के कृषि उद्योग में एक क्रांतिकारी बदलाव ला रही है। यह पारंपरिक कृषि पद्धतियों से दूर हटकर कृषि उत्पादन और इनपुट प्रबंधन की एक डेटा-संचालित, विज्ञान-आधारित पद्धति की ओर है। कृषि की सटीकता में सफलता के लिए मृदा स्वास्थ्य निगरानी एक महत्वपूर्ण भूमिका निभाती है।

मृदा स्वास्थ्य को एक जीवंत पारिस्थितिकी तंत्र के रूप में मिट्टी की क्षमता के रूप में परिभाषित किया जा सकता है जो आवश्यक जैविक, रासायनिक और भौतिक गुणों के संतुलित संयोजन के माध्यम से पौधों और जानवरों को बनाए रखता है, पानी और वायु की गुणवत्ता बनाए रखता या बढ़ाता है और पौधों और जानवरों के स्वास्थ्य को बढ़ावा देता है।

मृदा स्वास्थ्य निगरानी क्यों महत्वपूर्ण है?

मृदा स्वास्थ्य निगरानी निम्नलिखित कारणों से कृषि की सटीकता के लिए महत्वपूर्ण है:

- पोषक तत्वों की कमी और विषाक्तता की पहचान: मृदा स्वास्थ्य निगरानी में मृदा नमूनों का परीक्षण शामिल है ताकि आवश्यक पोषक तत्वों के स्तर और किसी भी विषाक्त पदार्थों की उपस्थिति का निर्धारण किया जा सके। इससे किसानों को उर्वरकों और अन्य इनपुट्स को लागू करने से पहले मृदा की पोषक तत्व स्थिति को समझने में मदद मिलती है।
- पानी के उपयोग की दक्षता बढ़ाना: स्वस्थ मृदा पानी को बेहतर तरीके से बनाए रखती है, जिससे किसानों को सिंचाई के पानी का कम उपयोग करने की अनुमति मिलती है। मृदा स्वास्थ्य निगरानी में मृदा की जल धारण क्षमता को मापना शामिल है, जिससे किसानों को अपनी सिंचाई आवश्यकताओं को बेहतर ढंग से प्रबंधित करने में मदद मिलती है।

फसल की पैदावार बढ़ाना: स्वस्थ मृदा पौधों को पनपने के लिए आवश्यक पोषक तत्व और संसाधन प्रदान करती है। इससे फसल की पैदावार बढ़ती है और किसानों की आय बढ़ती है।

पर्यावरणीय प्रभाव को कम करना: स्वस्थ मृदा कार्बन को संग्रहित करती है, जलवायु परिवर्तन को धीमा करने में मदद करती है। यह प्रदूषकों को भी फ़िल्टर करता है और पानी की गुणवत्ता में सुधार करता है। मृदा स्वास्थ्य निगरानी किसानों को मृदा प्रबंधन प्रथाओं को लागू करने में मदद करती है जो पर्यावरणीय प्रभाव को कम करती हैं।

मृदा स्वास्थ्य निगरानी के तरीके

मृदा स्वास्थ्य की निगरानी के लिए कई अलग-अलग तरीके हैं, जिनमें शामिल हैं:

मृदा परीक्षण: यह मृदा नमूनों को प्रयोगशाला में भेजकर पोषक तत्वों के स्तर, pH, और मृदा कार्बनिक पदार्थ के स्तर को मापने का सबसे आम तरीका है।

सेंसर: मृदा नमी, तापमान, और लवणता को मापने के लिए खेत में लगाए जा सकते हैं।

ड्रोन और उपग्रह इमेजरी: इन तकनीकों का उपयोग मृदा स्वास्थ्य के संकेतकों को दूरस्थ रूप से मापने के लिए किया जा सकता है, जैसे कि पौधों का स्वास्थ्य और मृदा का रंग।

कृषि की सटीकता में मृदा स्वास्थ्य निगरानी का भविष्य

मृदा स्वास्थ्य निगरानी कृषि की सटीकता के लिए एक आवश्यक उपकरण है। भविष्य में, मृदा स्वास्थ्य निगरानी के लिए अधिक सटीक, सस्ती और उपयोग में आसान तरीके विकसित किए जाने की संभावना है।

स्वस्थ मृदा और कम मृदा अपरदन: सतत कृषि के लिए एक अटूट बंधन

कृषि की सफलता के लिए स्वस्थ मृदा और कम मृदा अपरदन दो परस्पर जुड़े हुए पहलू हैं। मृदा अपरदन वह प्रक्रिया है जिसके द्वारा मिट्टी की ऊपरी परत हवा, पानी या मानवीय गतिविधियों से दूर हो जाती है। यह एक गंभीर पर्यावरणीय और आर्थिक समस्या है जो दुनिया भर के किसानों को प्रभावित करती है।

स्वस्थ मृदा के लाभ

स्वस्थ मृदा निम्नलिखित लाभों के साथ आती है:

- उर्वरता में वृद्धि: स्वस्थ मृदा में कार्बनिक पदार्थ और पोषक तत्वों का उच्च स्तर होता है, जो पौधों के विकास के लिए आवश्यक होते हैं। इससे किसानों को खाद और अन्य इनपुट्स के उपयोग को कम करने की अनुमति मिलती है, जिससे लागत में बचत होती है।
- जल धारण क्षमता में वृद्धि: स्वस्थ मृदा वर्षा के पानी को बेहतर तरीके से अवशोषित करती है और संग्रहीत करती है, जिससे फसलों को सूखे से बचाने में मदद मिलती है। यह सिंचाई के पानी की आवश्यकता को भी कम करता है।
- कटाव प्रतिरोध में वृद्धि: स्वस्थ मृदा में अच्छी संरचना होती है, जिससे यह कटाव के प्रति अधिक प्रतिरोधी होती है। इसमें मजबूत वनस्पति आवरण भी हो सकता है, जो मिट्टी को हवा और पानी के कटाव से बचाता है।
- कार्बन अनुक्रम: स्वस्थ मृदा वायुमंडल से कार्बन डाइऑक्साइड को अवशोषित करती है और इसे कार्बनिक पदार्थ के रूप में संग्रहीत करती है। यह जलवायु परिवर्तन को कम करने में मदद करता है।

जैव विविधता में वृद्धि: स्वस्थ मृदा पौधों, जानवरों, कवक और सूक्ष्मजीवों के लिए एक विविध आवास प्रदान करती है। यह एक स्वस्थ पारिस्थितिकी तंत्र के लिए आवश्यक है और खाद्य सुरक्षा को बढ़ावा देती है।

मृदा अपरदन के हानिकारक प्रभाव

मृदा अपरदन के निम्नलिखित हानिकारक प्रभाव हैं:

फसल की पैदावार में कमी: मृदा अपरदन मिट्टी से सबसे उपजाऊ परत को हटा देती है, जिससे पोषक तत्वों का स्तर कम हो जाता है और फसल की पैदावार कम हो जाती है।

जल गुणवत्ता में गिरावट: मिट्टी के कण नदियों और नदियों में बह सकते हैं, जिससे जलमार्गों का प्रदूषण होता है और जलीय जीवन को नुकसान पहुंचता है।

बढ़ा हुआ बाढ़ का खतरा: मृदा अपरदन से मिट्टी की जल धारण क्षमता कम हो जाती है, जिससे बाढ़ का खतरा बढ़ जाता है।

कार्बन उत्सर्जन में वृद्धि: मृदा अपरदन के दौरान कार्बनिक पदार्थ वायुमंडल में कार्बन डाइऑक्साइड के रूप में निकलता है, जिससे जलवायु परिवर्तन बढ़ता है।

स्वस्थ मृदा को बढ़ावा देना और मृदा अपरदन को कम करना

किसान निम्नलिखित तरीकों से स्वस्थ मृदा को बढ़ावा दे सकते हैं और मृदा अपरदन को कम कर सकते हैं:

फसल चक्र: विभिन्न प्रकार की फसलों को घुमाने से मिट्टी के पोषक तत्वों का संरक्षण होता है और मिट्टी के कणों को एक साथ बांधने में मदद मिलती है।

कवर फसलें: सर्दियों के महीनों के दौरान कवर फसलें लगाने से मिट्टी को ढकने में मदद मिलती है और इसे हवा और पानी के कटाव से बचाता है।

मृदा स्वास्थ्य निगरानी की चुनौतियाँ और सीमाएँ:

मृदा स्वास्थ्य निगरानी एक महत्वपूर्ण उपकरण है जो किसानों को अपने खेतों की स्थिति को बेहतर ढंग से समझने और उनके उत्पादन का अधिकतम लाभ उठाने में मदद कर सकती है। हालांकि, इस प्रक्रिया में कई चुनौतियाँ और सीमाएँ हैं जिन्हें दूर करने की आवश्यकता है:

1. नमूनाकरण और विश्लेषण:

- प्रतिनिधित्वशील नमूने प्राप्त करना: एक खेत में मृदा स्वास्थ्य में काफी भिन्नता हो सकती है। यह सुनिश्चित करना मुश्किल है कि नमूने वास्तव में खेत की समग्र स्थिति का प्रतिनिधित्व करते हैं।
- विश्लेषण लागत: मृदा परीक्षण और अन्य विश्लेषणात्मक तकनीक महंगी हो सकती हैं, खासकर छोटे किसानों के लिए।
- समय पर परिणाम: मृदा परीक्षण के परिणाम प्राप्त करने में समय लग सकता है, जिससे किसानों के लिए उनका उपयोग करना मुश्किल हो जाता है।

2. डेटा व्याख्या:

- जटिल डेटा: मृदा स्वास्थ्य निगरानी विभिन्न मापदंडों की एक विस्तृत श्रृंखला उत्पन्न करती है। इस डेटा को समझना और उसका उपयोग करना किसानों के लिए कठिन हो सकता है।
- स्थान-विशिष्ट सिफारिशें: मृदा स्वास्थ्य डेटा को खेत के विशिष्ट माइक्रॉक्लाइमेट और मिट्टी के प्रकार के लिए उपयुक्त सिफारिशों में बदलने की आवश्यकता है।

किसानों का ज्ञान और कौशल: किसानों को मृदा स्वास्थ्य डेटा का उपयोग करने और अपने खेतों में सुधार के लिए इसका अनुवाद करने के लिए आवश्यक ज्ञान और कौशल की कमी हो सकती है।

3. तकनीकी सीमाएं:

नई तकनीकों की उपलब्धता: मृदा स्वास्थ्य निगरानी के लिए कुछ नई तकनीकें, जैसे कि उपग्रह इमेजरी, अभी भी विकास के अधीन हैं और व्यापक रूप से उपलब्ध नहीं हैं।

डेटा संग्रह और प्रबंधन: मृदा स्वास्थ्य डेटा के बड़े संग्रह को एकत्रित, संग्रहीत और प्रबंधित करना मुश्किल हो सकता है।

डेटा सुरक्षा और गोपनीयता: मृदा स्वास्थ्य डेटा में संवेदनशील जानकारी शामिल हो सकती है, इसलिए इसे सुरक्षित रूप से संग्रहीत और प्रबंधित किया जाना चाहिए।

4. आर्थिक और सामाजिक चुनौतियाँ:

छोटे किसानों के लिए पहुंच: मृदा स्वास्थ्य निगरानी तकनीकों की लागत छोटे किसानों के लिए एक बाधा हो सकती है।

क्षमता निर्माण: किसानों को मृदा स्वास्थ्य निगरानी डेटा का उपयोग करने के लिए प्रशिक्षण और सहायता की आवश्यकता होती है।

सरकारी समर्थन: मृदा स्वास्थ्य निगरानी कार्यक्रमों को शुरू करने और उन्हें बनाए रखने के लिए सरकारों को वित्तीय और नीतिगत समर्थन की आवश्यकता होती है।

इन चुनौतियों को दूर करने के लिए, मृदा स्वास्थ्य निगरानी के क्षेत्र में अनुसंधान और विकास में निवेश करना आवश्यक है। साथ ही, किसानों और कृषि सेवा प्रदाताओं को मृदा स्वास्थ्य निगरानी डेटा का उपयोग

करने के लिए शिक्षित और सशक्त बनाने के लिए क्षमता निर्माण कार्यक्रमों की आवश्यकता है। मृदा स्वास्थ्य निगरानी की निरंतर प्रगति के साथ, किसान अपनी खेती के कार्यों को बेहतर बनाने और पर्यावरण की रक्षा करने के लिए मिट्टी के स्वास्थ्य के बारे में जानकारी का उपयोग करने में सक्षम होंगे।

5. भविष्य की दिशा:

- नई तकनीकों का विकास: मृदा स्वास्थ्य निगरानी के लिए नई तकनीकों का विकास, जैसे कि सेंसर और ड्रोन, इनपुट लागत को कम करने और डेटा संग्रह को सुव्यवस्थित करने में मदद कर सकता है।
    - संपूर्ण चित्र प्रदान नहीं करता: मृदा स्वास्थ्य के केवल एक या दो संकेतकों को मापना पूरी तस्वीर प्रदान नहीं करता है। मिट्टी के स्वास्थ्य का व्यापक मूल्यांकन करने के लिए कई संकेतकों को एक साथ मापा जाना चाहिए।
    - समय के साथ परिवर्तनशील: मृदा स्वास्थ्य समय के साथ बदलता है। यह विभिन्न कारकों जैसे मौसम, फसल चक्र और प्रबंधन प्रथाओं से प्रभावित होता है। निगरानी के लिए एक दीर्घकालिक दृष्टिकोण की आवश्यकता है।
    - स्थानीय भिन्नता: मृदा स्वास्थ्य खेत के भीतर भी भिन्न हो सकता है। एक स्थान से लिया गया मृदा नमूना पूरे खेत का प्रतिनिधि नहीं हो सकता है। सटीक निगरानी के लिए कई स्थानों से मिट्टी के नमूने लेने की आवश्यकता है।
    - मानव त्रुटि: मृदा नमूनाकरण और प्रयोगशाला परीक्षण में मानवीय त्रुटि हो सकती है, जो परिणामों की सटीकता को प्रभावित कर सकती है।

Chapter 2: Understanding Soil Properties

अध्याय 2: मृदा गुणों को समझना

मृदा के भौतिक गुण: बनावट, संरचना, भार घनत्व, छिद्रता एवं जलधारण क्षमता

मृदा के भौतिक गुण पौधों के विकास और पर्यावरण के स्वास्थ्य के लिए अत्यंत महत्वपूर्ण हैं। ये गुण मिट्टी के कणों के आकार, वितरण और उसमें मौजूद रिक्तियों से निर्धारित होते हैं। आइए मृदा के प्रमुख भौतिक गुणों और उनके महत्व पर चर्चा करें:

1. बनावट (Texture):

यह मृदा के कणों के आकार वितरण को संदर्भित करता है।

मृदा तीन प्रकार के कणों से मिलकर बनी होती है - रेत, गाद और मृत्तिका।

रेत के कण सबसे बड़े होते हैं, उनके बाद गाद और सबसे छोटे मृत्तिका कण होते हैं।

मृदा की बनावट को इन तीन कणों के सापेक्ष अनुपात के आधार पर वर्गीकृत किया जाता है। उदाहरण के लिए, रेतीली मिट्टी में रेत के कणों का प्रतिशत अधिक होता है, जबकि मृत्तिका मिट्टी में मृत्तिका कणों का प्रतिशत अधिक होता है।

2. संरचना (Structure):

- यह मृदा कणों के एक साथ समूहीकरण का तरीका है।
- यह मृदा की वातन, जल निकासी, और जड़ प्रवेश को प्रभावित करता है।
- मृदा संरचना को मिट्टी के कणों के आकार, वितरण, और कार्बनिक पदार्थ की मात्रा से निर्धारित होता है।

3. भार घनत्व (Bulk Density):

- यह मृदा के प्रति इकाई आयतन में ठोस पदार्थ का द्रव्यमान है।
- यह मृदा में छिद्रों की मात्रा को प्रभावित करता है, जो बदले में जलधारण क्षमता और वातन को प्रभावित करता है।
- भार घनत्व मृदा के प्रकार और उसमें उपस्थित कार्बनिक पदार्थ की मात्रा पर निर्भर करता है।

4. छिद्रता (Porosity):

- यह मृदा के कुल आयतन में छिद्रों का प्रतिशत है।
- यह वातन, जल निकासी, और जड़ प्रवेश को प्रभावित करता है।
- उच्च छिद्रता वाली मिट्टी में अधिक वातन और जल निकासी होती है, जिससे पौधों के विकास के लिए बेहतर परिस्थितियाँ बनती हैं।

5. जलधारण क्षमता (Water Holding Capacity):

- यह मृदा द्वारा अवशोषित और बनाए रखने में सक्षम पानी की मात्रा है।
- यह मृदा के प्रकार, बनावट, संरचना, और कार्बनिक पदार्थ की मात्रा पर निर्भर करता है।
- उच्च जलधारण क्षमता वाली मिट्टी में पौधों के लिए अधिक पानी उपलब्ध होता है, जिससे उन्हें सूखे की स्थिति में जीवित रहने में मदद मिलती है।

ये भौतिक गुण एक दूसरे से जुड़े हुए हैं और पौधों के विकास और पर्यावरण के स्वास्थ्य पर एक साथ प्रभाव डालते हैं। उदाहरण के लिए:

मृत्तिका मिट्टी में उच्च जलधारण क्षमता होती है, लेकिन कम वातन होती है। दूसरी ओर, रेतीली मिट्टी में कम जलधारण क्षमता होती है, लेकिन उच्च वातन होती है।

मृदा की अच्छी संरचना जल निकासी और वातन को बढ़ाती है, जो पौधों के विकास के लिए अनुकूल वातावरण प्रदान करती है।

कार्बनिक पदार्थ की मात्रा मृदा के भार घनत्व को कम करती है, छिद्रता बढ़ाती है और जलधारण क्षमता को बढ़ाती है।

मृदा के रासायनिक गुण: पीएच, धनायन विनिमय क्षमता, विद्युत चालकता एवं पोषक तत्व स्तर

मृदा के रासायनिक गुण पौधों के विकास और समग्र मृदा स्वास्थ्य के लिए महत्वपूर्ण हैं। ये गुण मृदा में उपस्थित विभिन्न रसायनों और उनके अंतःक्रियाओं से निर्धारित होते हैं। आइए मृदा के प्रमुख रासायनिक गुणों और उनके महत्व पर चर्चा करें:

1. पीएच (pH):

- यह मृदा की अम्लता या क्षारीयता का माप है।
- इसे 0 से 14 के पैमाने पर मापा जाता है, जहां 7 तटस्थ होता है, 7 से कम अम्लीय होता है, और 7 से अधिक क्षारीय होता है।
- मृदा का आदर्श पीएच 6.0 और 7.0 के बीच होता है।
- पीएच मृदा में पोषक तत्वों की उपलब्धता को प्रभावित करता है। उदाहरण के लिए, अम्लीय मिट्टी में कुछ पोषक तत्वों की उपलब्धता कम हो जाती है, जबकि क्षारीय मिट्टी में कुछ अन्य पोषक तत्वों की उपलब्धता कम हो जाती है।

2. धनायन विनिमय क्षमता (Cation Exchange Capacity - CEC):

- यह मृधा के धनायनों को विनिमय करने की क्षमता है।
- धनायनों में पौधों के लिए आवश्यक पोषक तत्व जैसे कैल्शियम, मैग्नीशियम, पोटेशियम और सोडियम शामिल हैं।
- उच्च धनायन विनिमय क्षमता वाली मृदा अधिक पोषक तत्वों को बनाए रख सकती है और उन्हें पौधों को उपलब्ध करा सकती है।

3. विद्युत चालकता (Electrical Conductivity - EC):

यह मृदा में घुलनशील लवणों की मात्रा का माप है।

उच्च विद्युत चालकता वाली मिट्टी में लवणता अधिक होती है, जो पौधों के विकास को बाधित कर सकती है।

लवणता पौधों को पानी अवशोषित करने से रोक सकती है और पोषक तत्वों को उनके जड़ों तक पहुंचने से रोक सकती है।

4. पोषक तत्व स्तर:

मृदा में पौधों के विकास के लिए आवश्यक विभिन्न पोषक तत्व होते हैं, जैसे कि नाइट्रोजन, फॉस्फोरस, पोटेशियम, कैल्शियम, मैग्नीशियम और सल्फर।

पोषक तत्वों के स्तर को मृदा परीक्षण के माध्यम से मापा जा सकता है।

मृदा में पोषक तत्वों का सही संतुलन पौधों के स्वस्थ विकास और उच्च फसल उत्पादन के लिए आवश्यक है।

ये रासायनिक गुण एक दूसरे से संबंधित हैं और पौधों के विकास और मृदा स्वास्थ्य को प्रभावित करते हैं। उदाहरण के लिए:

मृदा का पीएच पोषक तत्वों की उपलब्धता को प्रभावित करता है। अम्लीय मिट्टी में कुछ पोषक तत्वों की उपलब्धता कम हो जाती है, जिससे पौधों के विकास में बाधा उत्पन्न हो सकती है।

धनायन विनिमय क्षमता मृदा में पोषक तत्वों को बनाए रखने और उन्हें पौधों को उपलब्ध कराने की क्षमता को प्रभावित करती है। उच्च धनायन विनिमय क्षमता वाली मिट्टी में पोषक तत्वों की कमी होने की संभावना कम होती है।

विद्युत चालकता मृदा की लवणता को इंगित करती है। उच्च लवणता वाली मिट्टी पौधों के विकास के लिए विषाक्त हो सकती है।

- पोषक तत्वों का स्तर पौधों के विकास और फसल उत्पादन को सीधे प्रभावित करता है। मृदा में पोषक तत्वों का सही संतुलन आवश्यक है।

ये रासायनिक गुण एक-दूसरे से जुड़े हुए हैं और पौधों के विकास और पर्यावरण के स्वास्थ्य पर एक साथ प्रभाव डालते हैं। उदाहरण के लिए:

- मृदा का pH मृदा में पोषक तत्वों की उपलब्धता को प्रभावित करता है। अम्लीय मृदा में कुछ पोषक तत्व, जैसे एल्युमीनियम और मैंगनीज, अधिक घुलनशील होते हैं और पौधों के लिए जहरीले हो सकते हैं।
- मृदा का धनायन विनिमय क्षमता पोषक तत्वों के लीचिंग को रोकता है और पौधों को अधिक उपलब्ध कराता है।
- मृदा में लवणता का उच्च स्तर पौधों के जल अवशोषण को रोक सकता है और उनके विकास को बाधित कर सकता है।
- मृदा में पोषक तत्वों का असंतुलित स्तर पौधों के पोषण संबंधी विकारों को जन्म दे सकता है और उनकी उपज को कम कर सकता है।

विभिन्न मृदा प्रबंधन प्रथाएं, जैसे कि कम्पोस्ट और खाद का उपयोग, फसल चक्र, और उर्वरकों का विवेकपूर्ण उपयोग, मृदा के रासायनिक गुणों में सुधार लाने में मदद कर सकती हैं। इससे मृदा की उर्वरता बढ़ती है

मृदा के जैविक गुण: सूक्ष्मजीवी गतिविधि, कार्बनिक पदार्थ की मात्रा, और मृदा जैव विविधता

मृदा के जैविक गुण मृदा स्वास्थ्य और पारिस्थितिक तंत्र के कार्य के लिए अत्यंत महत्वपूर्ण हैं। ये गुण मृदा में रहने वाले विभिन्न जीवों, विशेष रूप से सूक्ष्मजीवों, और उनके कार्यों से निर्धारित होते हैं। आइए मृदा के प्रमुख जैविक गुणों और उनके महत्व पर चर्चा करें:

1. सूक्ष्मजीवी गतिविधि:

मृदा में विभिन्न प्रकार के सूक्ष्मजीव रहते हैं, जिनमें बैक्टीरिया, कवक, केंचुए और अन्य शामिल हैं।

ये सूक्ष्मजीव कार्बनिक पदार्थों को विघटित करते हैं, पोषक तत्वों को चक्रित करते हैं, और मृदा संरचना में सुधार करते हैं।

स्वस्थ मृदा में उच्च स्तर की सूक्ष्मजीवी गतिविधि होती है, जो पौधों के विकास के लिए अनुकूल वातावरण प्रदान करती है।

2. कार्बनिक पदार्थ की मात्रा:

कार्बनिक पदार्थ मृत पौधों, जानवरों और सूक्ष्मजीवों के अवशेषों से बनता है।

यह मृदा की उर्वरता में सुधार करता है, जलधारण क्षमता को बढ़ाता है, और मृदा संरचना को स्थिर करता है।

स्वस्थ मृदा में कार्बनिक पदार्थ का उच्च स्तर होता है, जो मृदा स्वास्थ्य का एक महत्वपूर्ण संकेतक है।

3. मृदा जैव विविधता:

- मृदा जैव विविधता मृदा में रहने वाले विभिन्न प्रकार के जीवों को संदर्भित करती है।
- इसमें पौधे, जानवर, कवक, सूक्ष्मजीव और अन्य शामिल हैं।
- उच्च मृदा जैव विविधता स्वस्थ मृदा पारिस्थितिकी तंत्र का एक संकेतक है और मृदा के स्वास्थ्य और उत्पादकता में एक महत्वपूर्ण भूमिका निभाता है।

ये जैविक गुण एक-दूसरे से जुड़े हुए हैं और पौधों के विकास और पर्यावरण के स्वास्थ्य पर एक साथ प्रभाव डालते हैं। उदाहरण के लिए:

- सूक्ष्मजीव कार्बनिक पदार्थ को विघटित करते हैं, जिससे पौधों को आवश्यक पोषक तत्व मिलते हैं।
- कार्बनिक पदार्थ मृदा संरचना को स्थिर करता है, जिससे जल निकासी और वातन में सुधार होता है और पौधों के जड़ों के विकास को बढ़ावा मिलता है।
- मृदा जैव विविधता विभिन्न प्रकार के कार्यों को करने में मदद करती है, जैसे कि रोगजनकों का दमन, परागण और बीज फैलाव।

विभिन्न मृदा प्रबंधन प्रथाएं, जैसे कि कवर फसलें, कम्पोस्ट और खाद का उपयोग, और न्यूनतम जुताई, मृदा के जैविक गुणों में सुधार लाने में मदद कर सकती हैं। इससे मृदा की उर्वरता बढ़ती है, फसल की पैदावार बढ़ती है और पर्यावरणीय स्वास्थ्य में सुधार होता है।

मृदा के जैविक गुणों को समझना और उनका प्रबंधन करना स्थायी कृषि और पर्यावरणीय संरक्षण के लिए आवश्यक है। स्वस्थ मृदा हमारे भोजन और संसाधनों का आधार है, और यह हमारी जिम्मेदारी है कि हम उसकी रक्षा करें।

ये जैविक गुण एक-दूसरे से जुड़े हुए हैं और पौधों के विकास और पर्यावरण के स्वास्थ्य पर एक साथ प्रभाव डालते हैं। उदाहरण के लिए:

सूक्ष्मजीव मृदा में कार्बनिक पदार्थ को विघटित करते हैं, जो पौधों के लिए पोषक तत्व प्रदान करता है।

कार्बनिक पदार्थ मृदा में सूक्ष्मजीवी गतिविधि को बढ़ावा देता है, जो बदले में कार्बनिक पदार्थ के विघटन को तेज करता है।

मृदा जैव विविधता मृदा के स्वास्थ्य को बनाए रखने में मदद करती है, जो बदले में पौधों के विकास के लिए अनुकूल वातावरण प्रदान करती है।

विभिन्न मृदा प्रबंधन प्रथाएं, जैसे कि कवर फसलें, न्यूनतम जुताई और जैविक खेती, मृदा के जैविक गुणों में सुधार लाने में मदद कर सकती हैं। इससे मृदा की उर्वरता बढ़ती है, फसल की पैदावार बढ़ती है और पर्यावरणीय स्वास्थ्य में सुधार होता है।

निष्कर्ष:

मृदा के भौतिक, रासायनिक और जैविक गुण सभी एक दूसरे से जुड़े हुए हैं और पौधों के विकास और पर्यावरण के स्वास्थ्य पर एक साथ प्रभाव डालते हैं। मृदा स्वास्थ्य को बनाए रखने के लिए इन सभी गुणों का सावधानीपूर्वक प्रबंधन करना आवश्यक है। विभिन्न मृदा प्रबंधन प्रथाएं मृदा गुणों में सुधार लाने में मदद कर सकती हैं और भविष्य की पीढ़ियों के लिए स्वस्थ मृदा सुनिश्चित कर सकती हैं।

मृदा गुणों का पौधों के विकास और फसल उत्पादन पर प्रभाव

पौधे अपने जीवन के लिए आवश्यक पोषक तत्व, पानी और सहारा मृदा से प्राप्त करते हैं। इसलिए, मृदा के गुणों का पौधों के विकास और फसल उत्पादन पर महत्वपूर्ण प्रभाव पड़ता है। आइए उनमें से कुछ प्रमुख प्रभावों पर चर्चा करें:

1. भौतिक गुण:

- बनावट: मृदा की बनावट (रेत, गाद और मृत्तिका का अनुपात) पौधों की जड़ों के विकास को प्रभावित करती है। रेतीली मिट्टी में अच्छी जल निकासी होती है, लेकिन कम जलधारण क्षमता होती है, जबकि मृत्तिका मिट्टी में उच्च जलधारण क्षमता होती है, लेकिन कम जल निकासी होती है। पौधों को अच्छी तरह से विकसित और पनपने के लिए एक संतुलित मृदा बनावट की आवश्यकता होती है।
- संरचना: मृदा की संरचना मृदा कणों के समूहीकरण का तरीका है। अच्छी संरचना वाली मिट्टी में छिद्रों का प्रतिशत अधिक होता है, जो वातन और जल निकासी को बढ़ाता है। इससे जड़ों को बढ़ने और पौधों को पानी और पोषक तत्व प्राप्त करने में मदद मिलती है।
- भार घनत्व: मृदा का भार घनत्व मृदा में ठोस पदार्थों का द्रव्यमान प्रति इकाई आयतन है। उच्च भार घनत्व वाली मिट्टी में कम छिद्रता होती है, जिससे जड़ों को बढ़ना मुश्किल होता है। पौधों के लिए इष्टतम विकास के लिए मध्यम भार घनत्व वाली मिट्टी सबसे अच्छी होती है।
- छिद्रता: मृदा में ठोस पदार्थों के बीच रिक्त स्थान का प्रतिशत छिद्रता कहलाता है। यह वातन और जल निकासी को प्रभावित करता है। उच्च छिद्रता वाली मिट्टी में जड़ों के लिए अधिक ऑक्सीजन उपलब्ध होती है और पौधों को पानी और पोषक तत्वों को अवशोषित करने में आसानी होती है।

जलधारण क्षमता: मृदा द्वारा पानी को अवशोषित और बनाए रखने की क्षमता जलधारण क्षमता कहलाती है। यह मृदा की बनावट, संरचना और कार्बनिक पदार्थ की मात्रा पर निर्भर करती है। उच्च जलधारण क्षमता वाली मिट्टी पौधों को सूखा सहन करने में मदद करती है।

2. रासायनिक गुण:

pH: मृदा का pH अम्लता या क्षारीयता को मापता है। अधिकांश पौधे 6.0 और 7.5 के बीच pH सीमा में पनपते हैं। मृदा का pH पोषक तत्वों की उपलब्धता को प्रभावित करता है। अत्यधिक अम्लीय या क्षारीय मिट्टी में कुछ पोषक तत्व कम उपलब्ध होते हैं और पौधों के विकास को बाधित कर सकते हैं।

धनायन विनिमय क्षमता (CEC): यह मृदा द्वारा धनावेशित कणों को बनाए रखने की क्षमता है। उच्च धनायन विनिमय क्षमता वाली मिट्टी अधिक पोषक तत्वों को बनाए रख सकती है और पौधों को अधिक उपलब्ध करा सकती है।

विद्युत चालकता (EC): यह मृदा में घुलित लवणों की मात्रा का एक संकेतक है। उच्च विद्युत चालकता वाली मिट्टी में लवणता का स्तर अधिक होता है, जो पौधों के लिए हानिकारक हो सकता है और उनके विकास को बाधित कर सकता है।

पोषक तत्वों का स्तर: पौधों को अपने विकास के लिए विभिन्न पोषक तत्वों की आवश्यकता होती है, जिनमें नाइट्रोजन, फॉस्फोरस, पोटेशियम, कैल्शियम, मैग्नीशियम और सल्फर शामिल हैं। इन पोषक तत्वों का स्तर मृदा के प्रकार, कार्बनिक पदार्थ की मात्रा, खादों और उर्वरकों के उपयोग, और फसल चक्र से प्रभावित होता है

Chapter 3: Monitoring Soil Health Methods

अध्याय 3: मृदा स्वास्थ्य निगरानी के तरीके

मृदा स्वास्थ्य की निगरानी के लिए पारंपरिक तरीके: मृदा परीक्षण, दृश्य मूल्यांकन और पौधों का विश्लेषण

मृदा की गुणवत्ता को समझना और बनाए रखना स्वस्थ फसलों और सतत कृषि के लिए आवश्यक है। मृदा स्वास्थ्य की निगरानी के लिए तीन पारंपरिक तरीके हैं:

1. मृदा परीक्षण:

- यह मृदा के पोषक तत्वों के स्तर, pH और अन्य रासायनिक गुणों को निर्धारित करने का एक प्रयोगशाला-आधारित तरीका है।
- मृदा के नमूने खेत से लिए जाते हैं और एक प्रयोगशाला में भेजे जाते हैं, जहां उनका विश्लेषण किया जाता है।
- प्राप्त परिणाम किसानों को खाद और उर्वरकों के उपयोग और अन्य मृदा प्रबंधन प्रथाओं के बारे में निर्णय लेने में मदद करते हैं।

2. दृश्य मूल्यांकन:

- यह मृदा के भौतिक गुणों और स्वास्थ्य का आकलन करने के लिए एक क्षेत्र-आधारित विधि है।
- मृदा का रंग, गंध, बनावट, संरचना और जड़ का विकास जैसे कारकों का मूल्यांकन किया जाता है।

यह विधि मृदा के स्वास्थ्य की एक त्वरित और आसान प्रारंभिक आकलन प्रदान करती है, लेकिन यह रासायनिक गुणों के बारे में जानकारी प्रदान नहीं करती है।

3. पौधों का विश्लेषण:

यह पौधे के ऊतकों के पोषक तत्वों के स्तर को निर्धारित करने का एक तरीका है।

पौधे के पत्तियों, तनों या अन्य भागों के नमूने लिए जाते हैं और एक प्रयोगशाला में भेजे जाते हैं, जहां उनका विश्लेषण किया जाता है।

प्राप्त परिणाम किसानों को यह पहचानने में मदद करते हैं कि क्या पौधों को पोषक तत्वों की कमी है और खाद और उर्वरकों के उपयोग को समायोजित करने की आवश्यकता है।

इन पारंपरिक तरीकों के फायदे और नुकसान हैं:

फायदे:

मृदा परीक्षण और पौधों के विश्लेषण सटीक और मात्रात्मक डेटा प्रदान करते हैं।

दृश्य मूल्यांकन एक त्वरित और आसान तरीका है मृदा स्वास्थ्य का आकलन करने के लिए।

इन विधियों का उपयोग खाद और उर्वरकों के उपयोग को बढ़ाकर लागत बचाने और पर्यावरणीय प्रभाव को कम करने के लिए किया जा सकता है।

नुकसान:

मृदा परीक्षण और पौधों का विश्लेषण अपेक्षाकृत महंगे और समय लेने वाले हो सकते हैं।

- दृश्य मूल्यांकन व्यक्तिपरक हो सकता है और रासायनिक गुणों के बारे में जानकारी प्रदान नहीं करता है।
- ये विधियां मृदा स्वास्थ्य के केवल कुछ पहलुओं का आकलन करती हैं और एक समग्र तस्वीर प्रदान नहीं कर सकती हैं।

निष्कर्ष:

मृदा स्वास्थ्य की निगरानी के लिए पारंपरिक तरीके अभी भी महत्वपूर्ण उपकरण हैं, लेकिन वे सीमाओं के बिना नहीं हैं। इन तरीकों को नई तकनीकों के साथ जोड़ा जा सकता है, जैसे कि सेंसर और ड्रोन, मृदा स्वास्थ्य के बारे में अधिक व्यापक और वास्तविक समय की जानकारी प्राप्त करने के लिए। इससे किसानों को अपनी मृदा को बेहतर ढंग से प्रबंधित करने और अपनी फसलों की पैदावार बढ़ाने में मदद मिल सकती है।

मृदा स्वास्थ्य की निगरानी के लिए उन्नत तरीके: मृदा सेंसर, सुदूर संवेदन और मृदा स्वास्थ्य मॉडलिंग

मृदा स्वास्थ्य की निगरानी के पारंपरिक तरीकों को पूरक करने के लिए, उन्नत तकनीकों को भी अपनाया जा रहा है जो किसानों को अपने खेतों के बारे में अधिक विस्तृत और वास्तविक समय की जानकारी प्राप्त करने में मदद कर सकती हैं। इन तकनीकों में शामिल हैं:

1. मृदा सेंसर:

ये इलेक्ट्रॉनिक उपकरण मृदा में विभिन्न गुणों को माप सकते हैं, जैसे कि नमी, तापमान, पोषक तत्वों का स्तर और pH।

सेंसर को खेत में स्थापित किया जा सकता है और लगातार डेटा एकत्र कर सकता है।

किसान इस डेटा का उपयोग सिंचाई, खाद और उर्वरक के उपयोग और अन्य मृदा प्रबंधन प्रथाओं को अनुकूलित करने के लिए कर सकते हैं।

2. सुदूर संवेदन:

यह उपग्रहों, हवाई जहाजों और ड्रोन से ली गई छवियों का उपयोग करके मृदा के गुणों का आकलन करने का एक तरीका है।

विभिन्न प्रतिबिंबित प्रकाश तरंग दैर्ध्य को मापकर, वैज्ञानिक मृदा के प्रकार, नमी सामग्री, वनस्पति कवर और अन्य कारकों का निर्धारण कर सकते हैं।

सुदूर संवेदन बड़े क्षेत्रों का तेजी से और लागत-प्रभावी ढंग से निरीक्षण करने के लिए एक शक्तिशाली उपकरण है।

3. मृदा स्वास्थ्य मॉडलिंग:

- यह कंप्यूटर मॉडल का उपयोग करके मृदा के गुणों और प्रक्रियाओं को अनुकरण करने का एक तरीका है।
- मॉडल मौसम, फसल चक्र, मृदा प्रबंधन प्रथाओं और अन्य कारकों के बारे में डेटा का उपयोग करते हैं ताकि मृदा स्वास्थ्य के भविष्य के परिवर्तनों की भविष्यवाणी कर सकें।
- इस जानकारी का उपयोग मृदा स्वास्थ्य को सुधारने के लिए प्रबंधन निर्णय लेने के लिए किया जा सकता है।

इन उन्नत तरीकों के कई फायदे हैं:

- वे मृदा स्वास्थ्य के बारे में विस्तृत और वास्तविक समय की जानकारी प्रदान करते हैं।
- वे बड़े क्षेत्रों का तेजी से और लागत-प्रभावी ढंग से निरीक्षण करने के लिए इस्तेमाल किया जा सकता है।
- वे मृदा स्वास्थ्य के भविष्य के परिवर्तनों की भविष्यवाणी कर सकते हैं और किसानों को बेहतर प्रबंधन निर्णय लेने में मदद कर सकते हैं।

हालांकि, कुछ सीमाएं भी हैं:

- उन्नत तकनीकों को लागू करने के लिए प्रारंभिक लागत अधिक हो सकती है।
- डेटा को एकत्रित करने, संसाधित करने और व्याख्या करने के लिए विशेषज्ञता की आवश्यकता होती है।
- ये तकनीकें अभी भी अपेक्षाकृत नई हैं और लगातार विकसित हो रही हैं।

निष्कर्ष:

मृदा स्वास्थ्य की निगरानी के लिए उन्नत तरीके पारंपरिक तरीकों की सीमाओं को पूरा करने में मदद कर सकते हैं। इन तकनीकों का संयोजन किसानों को अपने खेतों के बारे में अधिक व्यापक और वास्तविक समय की जानकारी प्राप्त करने में सक्षम बना सकता है, जिससे उन्हें मृदा स्वास्थ्य को बेहतर ढंग से प्रबंधित करने और अपनी फसलों की पैदावार बढ़ाने में मदद मिल सकती है। जैसे-जैसे इन तकनीकों की लागत कम होती है और उपयोग में आसानी होती है, वे मृदा स्वास्थ्य को बनाए रखने और सुधारने के लिए किसानों के लिए और अधिक सुलभ हो जाएंगे।

मृदा स्वास्थ्य की निगरानी के विभिन्न तरीकों की तुलनाः लाभ, सीमाएं और लागत

मृदा स्वास्थ्य की निगरानी के लिए विभिन्न पारंपरिक और उन्नत तरीके उपलब्ध हैं, जिनमें से प्रत्येक के अपने फायदे, सीमाएं और लागत हैं। आइए इन तरीकों की तुलना करें:

1. मृदा परीक्षण:

फायदे:

- पोषक तत्वों के स्तर और रासायनिक गुणों के बारे में सटीक और मात्रात्मक डेटा प्रदान करता है।
- खाद और उर्वरकों के उपयोग को अनुकूलित करने में मदद करता है।

सीमाएं:

- अपेक्षाकृत महंगा और समय लेने वाला।
- केवल मृदा के नमूने लिए गए बिंदु पर ही सटीक होता है।
- रासायनिक गुणों के बारे में ही जानकारी प्रदान करता है।

लागत:

- मृदा परीक्षण की लागत परीक्षण किए गए मापदंडों की संख्या और प्रयोगशाला की दरों के आधार पर भिन्न होती है। आम तौर पर, एक मानक मृदा परीक्षण की लागत ₹500 से ₹2000 तक हो सकती है।

2. दृश्य मूल्यांकन:

फायदे:

त्वरित, आसान और सस्ता।

मृदा के भौतिक गुणों और स्वास्थ्य का प्रारंभिक आकलन प्रदान करता है।

सीमाएं:

व्यक्तिपरक हो सकता है।

रासायनिक गुणों के बारे में जानकारी प्रदान नहीं करता है।

मृदा स्वास्थ्य का केवल एक समग्र आकलन प्रदान करता है।

लागत:

दृश्य मूल्यांकन के लिए कोई प्रत्यक्ष लागत नहीं है, लेकिन इसमें किसान के समय और प्रयास की आवश्यकता होती है।

3. पौधों का विश्लेषण:

फायदे:

यह पहचानने में मदद करता है कि क्या पौधों को पोषक तत्वों की कमी है।

खाद और उर्वरकों के उपयोग को समायोजित करने के लिए जानकारी प्रदान करता है।

सीमाएं:

अपेक्षाकृत महंगा और समय लेने वाला।

- केवल पौधे के पोषक तत्वों के स्तर के बारे में जानकारी प्रदान करता है।
- मृदा के अन्य गुणों के बारे में जानकारी प्रदान नहीं करता है।

लागत:

- पौधों के विश्लेषण की लागत परीक्षण किए गए पोषक तत्वों की संख्या और प्रयोगशाला की दरों के आधार पर भिन्न होती है। आम तौर पर, एक मानक पौधों के विश्लेषण की लागत ₹1000 से ₹3000 तक हो सकती है।

4. मृदा सेंसर:

फायदे:

- मृदा में विभिन्न गुणों के बारे में विस्तृत और वास्तविक समय की जानकारी प्रदान करता है।
- बड़े क्षेत्रों की निगरानी के लिए उपयोगी।
- डेटा-आधारित निर्णय लेने में सहायता करता है।

सीमाएं:

- प्रारंभिक लागत अधिक हो सकती है।
- डेटा को एकत्रित करने, संसाधित करने और व्याख्या करने के लिए विशेषज्ञता की आवश्यकता होती है।
- कुछ सेंसर विशिष्ट मापदंडों को मापने तक सीमित हो सकते हैं।

लागत:

मृदा सेंसर की लागत सेंसर के प्रकार, उसकी कार्यक्षमताओं और निर्माता के आधार पर भिन्न होती है। एक बुनियादी मृदा नमी सेंसर की लागत ₹5000 से ₹10000 तक हो सकती है, जबकि अधिक उन्नत सेंसर की लागत ₹20000 से अधिक हो सकती है।

5. सुदूर संवेदन:

फायदे:

बड़े क्षेत्रों का तेजी से और लागत-प्रभावी ढंग से निरीक्षण करने के लिए उपयोगी।

मृदा के विभिन्न गुणों का व्यापक आकलन प्रदान करता है।

डेटा-आधारित निर्णय लेने में सहायता करता है।

सीमाएं:

उपग्रह या हवाई जहाज से डेटा प्राप्त करने की लागत अधिक हो सकती है।

मौसम की स्थिति डेटा संग्रह को प्रभावित कर सकती है।

मृदा स्वास्थ्य की निगरानी के लिए उपयुक्त विधि का चयन

मृदा स्वास्थ्य की निगरानी के लिए विभिन्न तरीकों में से चुनते समय, किसानों को अपनी विशिष्ट जरूरतों और संसाधनों पर विचार करना चाहिए। यहां कुछ कारकों पर विचार किया जाना चाहिए:

1. आप क्या जानकारी प्राप्त करना चाहते हैं?

- क्या आप मृदा के पोषक तत्वों के स्तर, भौतिक गुणों, या पौधों के स्वास्थ्य में रुचि रखते हैं?
- आपको किस प्रकार के डेटा की आवश्यकता है - सटीक और मात्रात्मक, या एक प्रारंभिक मूल्यांकन?

2. आपके पास कितना बजट है?

- मृदा परीक्षण और पौधों के विश्लेषण जैसे पारंपरिक तरीके उन्नत तरीकों की तुलना में अपेक्षाकृत सस्ते होते हैं, लेकिन वे समय लेने वाले हो सकते हैं।
- उन्नत तरीके, जैसे मृदा सेंसर और सुदूर संवेदन, प्रारंभिक लागत में अधिक हो सकते हैं, लेकिन वे आपको समय और पैसा बचा सकते हैं।

3. आपके पास कितना समय है?

- यदि आपको जल्दी से परिणाम की आवश्यकता है, तो दृश्य मूल्यांकन या मृदा सेंसर एक अच्छा विकल्प हो सकता है।
- यदि आप अधिक सटीक और मात्रात्मक डेटा चाहते हैं, तो आपको मृदा परीक्षण या पौधों के विश्लेषण की आवश्यकता होगी।

4. आपके पास कितनी विशेषज्ञता है?

कुछ उन्नत तरीकों, जैसे मृदा सेंसर और डेटा विश्लेषण, के लिए विशेषज्ञता की आवश्यकता होती है।

यदि आपके पास यह विशेषज्ञता नहीं है, तो आपको किसी विशेषज्ञ की मदद लेनी पड़ सकती है।

5. आप किस क्षेत्र की निगरानी करना चाहते हैं?

यदि आपको एक बड़े क्षेत्र की निगरानी करने की आवश्यकता है, तो सुदूर संवेदन एक अच्छा विकल्प हो सकता है।

यदि आपको एक छोटे क्षेत्र की निगरानी करने की आवश्यकता है, तो मृदा परीक्षण या दृश्य मूल्यांकन पर्याप्त हो सकते हैं।

विशिष्ट जरूरतों के लिए उपयुक्त तरीके:

मृदा के पोषक तत्वों के स्तर का निर्धारण: मृदा परीक्षण

मृदा के भौतिक गुणों का आकलन: दृश्य मूल्यांकन

पौधों के पोषक तत्वों की कमी की पहचान: पौधों का विश्लेषण

बड़े क्षेत्रों की मृदा स्वास्थ्य की निगरानी: सुदूर संवेदन

मृदा में विभिन्न गुणों के बारे में विस्तृत और वास्तविक समय की जानकारी प्राप्त करना: मृदा सेंसर

निष्कर्ष:

मृदा स्वास्थ्य की निगरानी के लिए विभिन्न तरीके उपलब्ध हैं, जिनमें से प्रत्येक के अपने फायदे, सीमाएं और लागत हैं। किसानों को अपनी विशिष्ट जरूरतों और संसाधनों पर विचार करते हुए एक या एक से अधिक तरीकों का चयन करना चाहिए। मृदा स्वास्थ्य की निगरानी के लिए एक एकीकृत दृष्टिकोण अपनाने से किसानों को अपने खेतों के बारे

में एक व्यापक समझ प्राप्त करने और मृदा स्वास्थ्य को बेहतर ढंग से प्रबंधित करने में मदद मिल सकती है।

Chapter 4: Implementing Soil Health Monitoring Programs

अध्याय 4: मृदा स्वास्थ्य निगरानी कार्यक्रमों का कार्यान्वयन

मृदा स्वास्थ्य निगरानी योजना का विकास: उद्देश्य, नमूनाकरण रणनीतियाँ, डेटा विश्लेषण और निर्णय लेना

मृदा स्वास्थ्य की निगरानी एक महत्वपूर्ण प्रक्रिया है जो किसानों को अपने खेतों के बारे में एक व्यापक समझ प्राप्त करने और मृदा स्वास्थ्य को बेहतर ढंग से प्रबंधित करने में मदद करती है। एक प्रभावी मृदा स्वास्थ्य निगरानी योजना विकसित करने के लिए, निम्नलिखित चरणों का पालन किया जाना चाहिए:

1. उद्देश्य निर्धारित करें:

आप मृदा स्वास्थ्य की निगरानी क्यों करना चाहते हैं?

आप किस प्रकार की जानकारी प्राप्त करना चाहते हैं?

आप इस जानकारी का उपयोग कैसे करना चाहते हैं?

2. नमूनाकरण रणनीति विकसित करें:

आपको कितने नमूने लेने चाहिए?

नमूने कहाँ से लेने चाहिए?

नमूने कैसे एकत्र किए जाने चाहिए?

नमूने कितनी बार एकत्र किए जाने चाहिए?

नमूनाकरण रणनीति मृदा के प्रकार, खेत के आकार और आपके उद्देश्यों के आधार पर अलग-अलग होगी। सामान्य तौर पर, यह वांछनीय है कि आप प्रत्येक खेत में कई स्थानों से नमूने लेते हैं और नमूने लेने के समय को यादृच्छिक रूप से वितरित करते हैं।

3. मृदा का विश्लेषण करें:

- मृदा के नमूनों को एक प्रयोगशाला में भेजा जाना चाहिए ताकि उनके पोषक तत्वों के स्तर, भौतिक गुणों और अन्य मापदंडों का विश्लेषण किया जा सके।

4. डेटा का विश्लेषण करें:

- एकत्रित डेटा का सांख्यिकीय विश्लेषण किया जाना चाहिए ताकि मृदा स्वास्थ्य के बारे में स्पष्ट निष्कर्ष निकाला जा सके।

5. निर्णय लें:

- एकत्रित जानकारी का उपयोग खाद और उर्वरक के उपयोग, फसल चक्र, जुताई प्रथाओं और अन्य मृदा प्रबंधन प्रथाओं के बारे में निर्णय लेने के लिए किया जाना चाहिए।

मृदा स्वास्थ्य निगरानी योजना के प्रमुख घटक:

- नमूनाकरण: यह मृदा के गुणों का प्रतिनिधि नमूना प्राप्त करने के लिए एक व्यवस्थित तरीका है।
- विश्लेषण: यह नमूनों में विभिन्न मापदंडों को मापने के लिए प्रयोगशाला परीक्षणों का उपयोग करता है।

डेटा प्रबंधन: यह डेटा संग्रह, प्रविष्टि, भंडारण, पुनर्प्राप्ति और विश्लेषण के लिए एक प्रणाली है।

रिपोर्टिंग: यह निगरानी के परिणामों को प्रस्तुत करने और व्याख्या करने के लिए एक प्रणाली है।

मृदा स्वास्थ्य निगरानी योजना के लाभ:

बेहतर मृदा प्रबंधन निर्णय लेने के लिए जानकारी प्रदान करता है।

फसल की पैदावार बढ़ाने में मदद करता है।

पर्यावरणीय प्रभाव को कम करने में मदद करता है।

मृदा स्वास्थ्य के रुझानों को ट्रैक करने में मदद करता है।

खाद और उर्वरकों के उपयोग को कम करने में मदद करता है।

निष्कर्ष:

एक प्रभावी मृदा स्वास्थ्य निगरानी योजना किसानों को अपने खेतों के बारे में एक व्यापक समझ प्राप्त करने और मृदा स्वास्थ्य को बेहतर ढंग से प्रबंधित करने में मदद कर सकती है। यह बेहतर फसल पैदावार, कम पर्यावरणीय प्रभाव और लंबे समय में अधिक टिकाऊ कृषि प्रथाओं को प्राप्त करने में योगदान कर सकता है।

मृदा स्वास्थ्य निगरानी के लिए प्रौद्योगिकी का उपयोग: डेटा संग्रह, प्रबंधन और विज़ुअलाइज़ेशन

मृदा स्वास्थ्य की निगरानी के लिए प्रौद्योगिकी एक शक्तिशाली उपकरण है। यह किसानों को अपने खेतों के बारे में विस्तृत और वास्तविक समय की जानकारी प्राप्त करने में मदद कर सकता है और उन्हें मृदा स्वास्थ्य को बेहतर ढंग से प्रबंधित करने के निर्णय लेने में सक्षम बनाता है। यहां बताया गया है कि प्रौद्योगिकी का उपयोग डेटा संग्रह, प्रबंधन और विज़ुअलाइज़ेशन के लिए किया जा सकता है:

1. डेटा संग्रह:

- मृदा सेंसर: ये इलेक्ट्रॉनिक उपकरण मृदा के पोषक तत्वों के स्तर, नमी, तापमान, और अन्य मापदंडों को लगातार माप सकते हैं।
- सुदूर संवेदन: उपग्रह और ड्रोन से ली गई छवियों का उपयोग मृदा के प्रकार, वनस्पति कवर, और मृदा के अन्य गुणों का निर्धारण करने के लिए किया जा सकता है।
- स्थान-आधारित अनुप्रयोग (जीपीएस): इन अनुप्रयोगों का उपयोग नमूनाकरण स्थानों को ट्रैक करने और खेत के विभिन्न क्षेत्रों के लिए डेटा को व्यवस्थित करने के लिए किया जा सकता है।

2. डेटा प्रबंधन:

- क्लाउड-आधारित डेटाबेस: ये डेटाबेस बड़ी मात्रा में डेटा को संग्रहीत और प्रबंधित करने के लिए एक सुविधाजनक और सुरक्षित तरीका प्रदान करते हैं।

कृषि प्रबंधन सॉफ्टवेयर: इस सॉफ्टवेयर का उपयोग डेटा को व्यवस्थित करने, विश्लेषण करने और निर्णय लेने में सहायता करने के लिए किया जा सकता है।

मोबाइल एप्लिकेशन: ये एप्लिकेशन किसानों को खेत में डेटा एकत्र करने और प्रबंधित करने की अनुमति देते हैं।

3. डेटा विज़ुअलाइज़ेशन:

डैशबोर्ड: ये इंटरैक्टिव डैशबोर्ड किसानों को डेटा को आसानी से देखने और समझने में मदद करते हैं।

मानचित्र: खेत के मानचित्रों का उपयोग विभिन्न क्षेत्रों में मृदा स्वास्थ्य के रुझानों को दिखाने के लिए किया जा सकता है।

ग्राफ और चार्ट: डेटा को ट्रैक करने और समय के साथ मृदा स्वास्थ्य में परिवर्तन को दिखाने के लिए ग्राफ़ और चार्ट का उपयोग किया जा सकता है।

प्रौद्योगिकी का उपयोग करने के लाभ:

डेटा संग्रह को अधिक कुशल और सटीक बनाता है।

डेटा प्रबंधन को आसान और अधिक संगठित बनाता है।

डेटा को समझना और व्याख्या करना आसान बनाता है।

मृदा स्वास्थ्य के रुझानों की पहचान करने में मदद करता है।

बेहतर मृदा प्रबंधन निर्णय लेने के लिए जानकारी प्रदान करता है।

हालांकि, कुछ सीमाएं भी हैं:

प्रौद्योगिकी की प्रारंभिक लागत अधिक हो सकती है।

- कुछ प्रौद्योगिकियों के लिए तकनीकी विशेषज्ञता की आवश्यकता होती है।
- कुछ किसानों के पास इंटरनेट या डेटा एक्सेस नहीं हो सकता है।

निष्कर्ष:

यद्यपि सीमाएं हैं, प्रौद्योगिकी मृदा स्वास्थ्य निगरानी के लिए एक मूल्यवान उपकरण है। डेटा संग्रह, प्रबंधन और विज़ुअलाइज़ेशन के लिए प्रौद्योगिकी का उपयोग करने से किसानों को अपने खेतों के बारे में बेहतर जानकारी प्राप्त करने और मृदा स्वास्थ्य को बेहतर ढंग से प्रबंधित करने में मदद मिल सकती है। इसके परिणामस्वरूप बेहतर फसल पैदावार, कम पर्यावरणीय प्रभाव और लंबे समय में अधिक टिकाऊ कृषि प्रथाओं का विकास हो सकता है।

मृदा स्वास्थ्य डेटा की व्याख्या और सुधार के लिए क्षेत्रों की पहचान

सटीक और सुसंगत मृदा प्रबंधन प्रथाओं को लागू करने के लिए मृदा स्वास्थ्य डेटा को समझना और व्याख्या करना आवश्यक है। इस डेटा का उपयोग मृदा स्वास्थ्य के रुझानों को ट्रैक करने, समस्याओं की पहचान करने और सुधार के लिए क्षेत्रों की पहचान करने के लिए किया जा सकता है।

मृदा स्वास्थ्य डेटा की व्याख्या करने का तरीका:

मृदा परीक्षण के परिणामों को मृदा प्रकार, फसल के प्रकार और पोषक तत्वों की आवश्यकता के लिए अनुशंसित मानों से तुलना करें।

पोषक तत्वों के स्तर में रुझानों की पहचान करें और समय के साथ मृदा स्वास्थ्य में परिवर्तनों को ट्रैक करें।

मृदा के भौतिक गुणों का आकलन करें, जैसे कि बनावट, संरचना और जल धारण क्षमता।

पौधों के स्वास्थ्य का निरीक्षण करें और पोषक तत्वों की कमी या मृदा-जनित रोगों के लक्षणों की पहचान करें।

सुधार के लिए क्षेत्रों की पहचान करना:

पोषक तत्वों की कमी के क्षेत्रों की पहचान करें और खाद और उर्वरकों के उपयोग को समायोजित करें।

मृदा के कार्बनिक पदार्थ के स्तर में सुधार के लिए रणनीति विकसित करें।

मृदा के भौतिक गुणों में सुधार के लिए जुताई और सिंचाई प्रथाओं को समायोजित करें।

- मृदा जनित रोगों को रोकने के लिए फसल चक्र और जैविक नियंत्रण विधियों का उपयोग करें।

मानक मृदा स्वास्थ्य संकेतक:

- पोषक तत्वों का स्तर: मिट्टी में उपलब्ध पोषक तत्वों की मात्रा, जैसे कि नाइट्रोजन, फास्फोरस और पोटेशियम।
- कार्बनिक पदार्थ: मिट्टी में कार्बनिक पदार्थ की मात्रा, जो मिट्टी की संरचना, पानी धारण क्षमता और पोषक तत्वों की उपलब्धता को प्रभावित करती है।
- pH: मृदा की अम्लता या क्षारीयता का माप।
- बनावट: मृदा के कणों का आकार वितरण, जो मिट्टी की जल धारण क्षमता और पोषक तत्वों की उपलब्धता को प्रभावित करता है।
- संरचना: मृदा कणों का एक साथ कैसे जुड़ते हैं, जो मिट्टी के वायु संचार, जल निकासी और रोगजनक दबाव को प्रभावित करता है।
- जैविक गतिविधि: मृदा में सूक्ष्मजीवों और अन्य जीवों की गतिविधि, जो मिट्टी के कार्बनिक पदार्थ के अपघटन और पोषक तत्वों के चक्रण में महत्वपूर्ण भूमिका निभाती है।

विभिन्न मृदा स्वास्थ्य संकेतकों का पारस्परिक संबंध होता है और मृदा स्वास्थ्य को समग्र रूप से प्रभावित करता है. उदाहरण के लिए, कार्बनिक पदार्थ का एक उच्च स्तर मिट्टी के pH को बफर करने में मदद कर सकता है, पोषक तत्वों की उपलब्धता में सुधार कर सकता है और मिट्टी के भौतिक गुणों को बेहतर बना सकता है। इसी तरह, स्वस्थ मिट्टी में जैविक गतिविधि का एक उच्च स्तर होता है, जो मिट्टी के कार्बनिक पदार्थ के अपघटन को बढ़ावा देता है और पोषक तत्वों का चक्रण करता है, जिससे मिट्टी की दीर्घकालिक उर्वरता को बनाए रखने में मदद मिलती है।

मृदा स्वास्थ्य में सुधार के लिए व्यापक दृष्टिकोण अपनाना महत्वपूर्ण है. इसमें निम्नलिखित शामिल हो सकते हैं:

पोषक तत्व प्रबंधन: खाद और उर्वरकों का उपयोग मिट्टी के परीक्षण के परिणामों और फसल की पोषक तत्वों की आवश्यकता के आधार पर किया जाना चाहिए।

मृदा स्वास्थ्य प्रबंधन रणनीतियाँ विकसित करना और लागू करना: एक मार्गदर्शिका

मृदा स्वास्थ्य की निगरानी से प्राप्त डेटा किसानों को उनकी मृदा की वर्तमान स्थिति को समझने और भविष्य की फसल की पैदावार और पर्यावरणीय स्थिरता को सुनिश्चित करने के लिए प्रबंधन रणनीति बनाने में मदद करता है। इस अध्याय में, हम मृदा स्वास्थ्य निगरानी के परिणामों के आधार पर प्रभावी मृदा स्वास्थ्य प्रबंधन रणनीति विकसित करने और लागू करने के लिए एक मार्गदर्शिका प्रदान करेंगे।

1. निगरानी परिणामों का विश्लेषण

पहला कदम मृदा स्वास्थ्य निगरानी से प्राप्त डेटा का सावधानीपूर्वक विश्लेषण करना है। इसमें निम्नलिखित शामिल हैं:

- पोषक तत्वों के स्तरों का आकलन करना: मृदा परीक्षण के परिणामों की तुलना अनुशंसित स्तरों से करें और किसी भी पोषक तत्वों की कमी या अधिकता की पहचान करें।
- मृदा के भौतिक गुणों का मूल्यांकन: मृदा के बनावट, संरचना, जल धारण क्षमता और आकारिकी का विश्लेषण करें।
- जैविक गतिविधि का आकलन: मिट्टी में सूक्ष्मजीवों और केंचुओं जैसी अन्य जीवों की उपस्थिति और विविधता का निरीक्षण करें।
- समय के साथ परिवर्तनों को ट्रैक करना: विभिन्न निगरानी डेटा बिंदुओं की तुलना करके मृदा स्वास्थ्य में रुझानों की पहचान करें।

2. लक्ष्य निर्धारित करना

निगरानी के परिणामों के आधार पर, मृदा स्वास्थ्य में सुधार के लिए विशिष्ट लक्ष्य निर्धारित करें। लक्ष्य यथार्थवादी, मापने योग्य, प्राप्त करने

योग्य, प्रासंगिक और समयबद्ध (SMART) होने चाहिए। कुछ उदाहरण लक्ष्य हैं:

पोषक तत्वों के स्तर को अनुशंसित सीमा के भीतर लाना

कार्बनिक पदार्थ की मात्रा में वृद्धि करना

मृदा की जल धारण क्षमता में सुधार करना

मिट्टी के कटाव को कम करना

पौधों की विविधता को बढ़ाना

3. प्रबंधन रणनीति का चयन

विभिन्न मृदा स्वास्थ्य प्रबंधन रणनीतियाँ उपलब्ध हैं, और आपको अपने विशिष्ट लक्ष्यों और परिस्थितियों के आधार पर सबसे उपयुक्त का चयन करना चाहिए। कुछ सामान्य रणनीतियों में शामिल हैं:

पोषक तत्व प्रबंधन: खाद, उर्वरक और जैविक संशोधन का उपयोग करके मृदा में पोषक तत्वों के स्तर को संतुलित करना।

फसल चक्रण: विभिन्न फसलों को घुमाना जो मृदा के पोषक तत्वों को अलग-अलग तरीकों से उपयोग करते हैं।

कवर फसलें: फसलों के मौसम के बीच मिट्टी को ढकने के लिए पौधे उगाना, मिट्टी के कटाव को रोकने और कार्बनिक पदार्थ को जोड़ने में मदद करता है।

संरक्षण जुताई: मिट्टी के भौतिक गुणों को बेहतर बनाने और कार्बनिक पदार्थ को संरक्षित करने के लिए जुताई के तरीकों का उपयोग करना।

जल प्रबंधन: सिंचाई और जल निकासी प्रथाओं को नियंत्रित करना ताकि मृदा की नमी सामग्री को संतुलित किया जा सके।

- फायदेमंद जीवों को बढ़ावा देना: जैसे कि मिट्टी के सूक्ष्मजीव और केंचुए, जो मिट्टी के जैविक स्वास्थ्य को बेहतर बनाने में मदद करते हैं।

4. मृदा स्वास्थ्य प्रबंधन रणनीतियों का विकास करें:

- मृदा स्वास्थ्य की समस्याओं को दूर करने और मृदा स्वास्थ्य के लक्ष्यों को प्राप्त करने के लिए मृदा स्वास्थ्य प्रबंधन रणनीतियों का विकास करें।
- मिट्टी के प्रकार, फसल के प्रकार, जलवायु और अन्य कारकों के आधार पर रणनीतियां स्थानीय रूप से उपयुक्त होनी चाहिए।

मृदा स्वास्थ्य प्रबंधन रणनीतियों के उदाहरण:

- पोषक तत्व प्रबंधन: खाद और उर्वरकों का उपयोग मिट्टी के परीक्षण के परिणामों और फसल की पोषक तत्वों की आवश्यकता के आधार पर किया जाना चाहिए।
- मृदा कार्बनिक पदार्थ प्रबंधन: मृदा कार्बनिक पदार्थ के स्तर को बढ़ाने के लिए कवर फसलों, खाद और जैविक संशोधनों का उपयोग किया जा सकता है।
- जुताई और सिंचाई प्रबंधन: जुताई और सिंचाई प्रथाओं को मिट्टी के भौतिक गुणों को बनाए रखने और मिट्टी के कटाव को रोकने के लिए समायोजित किया जाना चाहिए।
- फसल चक्र: फसल चक्र का उपयोग मिट्टी के पोषक तत्वों को बनाए रखने, मिट्टी-जनित रोगों को नियंत्रित करने और मिट्टी के कार्बनिक पदार्थ के स्तर को बढ़ाने के लिए किया जा सकता है।
- ** जैविक नियंत्रण:** मिट्टी-जनित रोगों को नियंत्रित करने के लिए जैविक नियंत्रण विधियों का उपयोग किया जा सकता है।

Chapter 5: The Future of Soil Health Monitoring

अध्याय 5: मृदा स्वास्थ्य निगरानी का

मृदा स्वास्थ्य निगरानी में उभरती प्रौद्योगिकियां और प्रगति

खाद्य सुरक्षा और पर्यावरणीय स्थिरता सुनिश्चित करने के लिए मृदा स्वास्थ्य की निगरानी आवश्यक है। पारंपरिक तरीकों के साथ, जैसे कि मिट्टी का परीक्षण और दृश्य मूल्यांकन, उभरती प्रौद्योगिकियां अधिक कुशल और सटीक मृदा स्वास्थ्य डेटा प्रदान कर रही हैं। आइए इन नई प्रगति और उनके लाभों का पता लगाएं:

1. मृदा सेंसर:

ये सेंसर लगातार मृदा में विभिन्न मापदंडों को माप सकते हैं, जैसे कि पोषक तत्वों का स्तर, नमी, तापमान, और पीएच। वे डेटा को रीयल-टाइम में एकत्रित करते हैं, जिससे किसानों को तुरंत कार्रवाई करने की अनुमति मिलती है।

2. सुदूर संवेदन:

उपग्रहों और ड्रोन से प्राप्त छवियों का उपयोग मृदा के प्रकार, वनस्पति कवर और मृदा के अन्य गुणों का निर्धारण करने के लिए किया जा सकता है। यह बड़े क्षेत्रों की मृदा स्वास्थ्य का तेजी से और प्रभावी ढंग से मूल्यांकन करने की अनुमति देता है।

3. कृत्रिम बुद्धिमत्ता (एआई):

एआई का उपयोग मृदा स्वास्थ्य डेटा का विश्लेषण करने और मृदा स्वास्थ्य के रुझानों की पहचान करने के लिए किया जा सकता है। यह किसानों को सूचित निर्णय लेने और मृदा स्वास्थ्य को बेहतर ढंग से प्रबंधित करने में मदद करता है।

4. ब्लॉकचेन:

ब्लॉकचेन एक विकेन्द्रीकृत डेटाबेस है जो डेटा की सुरक्षा और पारदर्शिता सुनिश्चित करता है। इसका उपयोग मृदा स्वास्थ्य डेटा को सुरक्षित रूप से संग्रहीत करने और साझा करने के लिए किया जा सकता है।

5. इंटरनेट ऑफ थिंग्स (IoT):

IoT विभिन्न सेंसर और उपकरणों को जोड़ने की अनुमति देता है और एक दूसरे के साथ संचार करता है। इसका उपयोग मृदा स्वास्थ्य डेटा को एकत्र करने, प्रबंधित करने और विश्लेषण करने के लिए किया जा सकता है।

6. रोबोटिक्स:

रोबोट का उपयोग मृदा स्वास्थ्य डेटा को एकत्र करने और मृदा प्रबंधन कार्यों को करने के लिए किया जा सकता है, जैसे कि कवर फसलों की बुवाई और मिट्टी के नमूने का संग्रह।

7. नैनो-प्रौद्योगिकी:

नैनो-सेंसर का उपयोग मृदा में पोषक तत्वों के स्तर और अन्य मापदंडों को मापने के लिए किया जा सकता है। यह मृदा स्वास्थ्य की निगरानी को और अधिक सटीक और कुशल बना सकता है।

उभरती प्रौद्योगिकियों के लाभ:

विस्तृत और वास्तविक समय डेटा: ये प्रौद्योगिकियां मृदा स्वास्थ्य के बारे में विस्तृत और वास्तविक समय का डेटा प्रदान करती हैं, जिससे किसानों को बेहतर निर्णय लेने में मदद मिलती है।

बड़े क्षेत्रों की निगरानी: इन तकनीकों का उपयोग बड़े क्षेत्रों की भी निगरानी के लिए किया जा सकता है, जो पारंपरिक तरीकों के साथ मुश्किल या असंभव है।

कार्य कुशलता: ये तकनीकें मृदा स्वास्थ्य निगरानी प्रक्रिया को अधिक कुशल बना सकती हैं, जिससे किसानों का समय और धन बच सकता है।

सूचित निर्णय लेना: मृदा स्वास्थ्य डेटा का उपयोग मृदा उर्वरता बढ़ाने, बीमारियों को नियंत्रित करने और फसल उत्पादन बढ़ाने के लिए सूचित निर्णय लेने के लिए किया जा सकता है।

पर्यावरणीय प्रभाव को कम करना: मृदा स्वास्थ्य को बेहतर ढंग से प्रबंधित करके, किसान पर्यावरणीय प्रभाव को कम कर सकते हैं, जैसे कि जल प्रदूषण और मिट्टी का कटाव।

उभरती प्रौद्योगिकियों के लाभ:

अधिक सटीक और समयबद्ध डेटा: मृदा सेंसर और सुदूर संवेदन जैसे उपकरण मृदा स्वास्थ्य का वास्तविक समय में आकलन करने की अनुमति देते हैं।

बड़े क्षेत्रों का निरीक्षण: सुदूर संवेदन और हवाई इमेजिंग बड़े क्षेत्रों की मृदा स्वास्थ्य का जल्दी और आसानी से आकलन करने के लिए उपयोगी हैं।

विस्तृत विश्लेषण: हाइपरस्पेक्ट्रल इमेजिंग और एआई मृदा की जैव-रासायनिक संरचना का विस्तृत विश्लेषण प्रदान करते हैं।

- सूचित निर्णय लेना: मृदा स्वास्थ्य डेटा का विश्लेषण करके, किसान खाद और उर्वरकों के उपयोग, जुताई प्रथाओं और अन्य मृदा प्रबंधन प्रथाओं के बारे में बेहतर निर्णय ले सकते हैं।

मृदा स्वास्थ्य निगरानी में कृत्रिम बुद्धिमत्ता (AI) और मशीन लर्निंग (ML) की भूमिका: डेटा विश्लेषण और निर्णय समर्थन

मृदा स्वास्थ्य निगरानी के क्षेत्र में कृत्रिम बुद्धिमत्ता (AI) और मशीन लर्निंग (ML) तेजी से महत्वपूर्ण भूमिका निभा रहे हैं। ये प्रौद्योगिकियां मृदा स्वास्थ्य डेटा का विश्लेषण करने, रुझानों की पहचान करने और किसानों को बेहतर निर्णय लेने में सहायता करने के लिए शक्तिशाली उपकरण प्रदान करती हैं।

डेटा विश्लेषण में AI और ML का उपयोग:

मृदा स्वास्थ्य डेटा की बड़ी मात्रा का विश्लेषण: मृदा सेंसर, सुदूर संवेदन और अन्य स्रोतों से प्राप्त मृदा स्वास्थ्य डेटा की मात्रा इतनी बड़ी हो सकती है कि पारंपरिक तरीकों से उनका विश्लेषण करना मुश्किल हो सकता है। AI और ML इन बड़े डेटासेट को तेजी से और कुशलता से संसाधित कर सकते हैं, जिससे मृदा स्वास्थ्य के बारे में गहन जानकारी प्राप्त करने में सहायता मिलती है।

मृदा स्वास्थ्य के रुझानों की पहचान: AI और ML का उपयोग मृदा स्वास्थ्य डेटा में रुझानों की पहचान करने के लिए किया जा सकता है, जैसे कि पोषक तत्वों के स्तर में परिवर्तन, कार्बनिक पदार्थ का स्तर और मिट्टी का कटाव। इन रुझानों की पहचान करने से किसानों को समस्याओं को जल्दी पहचानने और प्रतिक्रिया देने में मदद मिल सकती है।

मृदा स्वास्थ्य मॉडल का विकास: AI और ML का उपयोग मृदा स्वास्थ्य को प्रभावित करने वाले कारकों के जटिल संबंधों को समझने के लिए मॉडल विकसित करने के लिए किया जा सकता है। इन मॉडलों का उपयोग मृदा स्वास्थ्य में सुधार के लिए प्रबंधन प्रथाओं को अनुकूलित करने के लिए किया जा सकता है।

निर्णय समर्थन में AI और ML का उपयोग:

- मृदा स्वास्थ्य के बारे में सुझाव प्रदान करना: AI और ML का उपयोग किसानों को मृदा स्वास्थ्य के बारे में विशिष्ट सुझाव प्रदान करने के लिए किया जा सकता है, जैसे कि खाद और उर्वरकों के उपयोग, जुताई प्रथाओं और फसल चक्र।
- मृदा स्वास्थ्य लक्ष्यों को प्राप्त करने में सहायता करना: AI और ML का उपयोग किसानों को मृदा स्वास्थ्य लक्ष्यों को निर्धारित करने और प्राप्त करने में मदद करने के लिए किया जा सकता है।
- जोखिम प्रबंधन: AI और ML का उपयोग मृदा-जनित रोगों और अन्य जोखिमों को कम करने के लिए रणनीति विकसित करने में किसानों की सहायता कर सकते हैं।

AI और ML के लाभ:

- बेहतर निर्णय लेना: AI और ML किसानों को डेटा-आधारित निर्णय लेने में मदद कर सकते हैं, जिससे मृदा स्वास्थ्य और फसल की पैदावार में सुधार हो सकता है।
- कम लागत: AI और ML किसानों को मृदा स्वास्थ्य निगरानी और प्रबंधन की लागत को कम करने में मदद कर सकते हैं।
- टिकाऊ कृषि: AI और ML किसानों को अधिक टिकाऊ कृषि प्रथाओं को अपनाने में मदद कर सकते हैं, जो मृदा स्वास्थ्य और पर्यावरण को बनाए रखने में मदद करते हैं।

AI और ML के उपयोग में चुनौतियां:

- डेटा की गुणवत्ता: AI और ML मॉडल केवल उतने ही अच्छे होते हैं जितना डेटा जिससे वे प्रशिक्षित होते हैं। मृदा स्वास्थ्य डेटा की गुणवत्ता सुनिश्चित करना महत्वपूर्ण है।

मॉडल जटिलता: AI और ML मॉडल जटिल हो सकते हैं और किसानों के लिए समझना मुश्किल हो सकता है।

डेटा गोपनीयता: किसानों को अपने डेटा की गोपनीयता के बारे में चिंता हो सकती है।

1. फसल उपज की भविष्यवाणी:

ऐतिहासिक मौसम डेटा, मृदा स्वास्थ्य डेटा, और कृषि प्रबंधन प्रथाओं के संयोजन का उपयोग करके एआई और एमएल मॉडल फसल की पैदावार को सटीक रूप से भविष्यवाणी कर सकते हैं।

यह जानकारी किसानों को खाद और उर्वरकों के उपयोग, जुताई प्रथाओं और फसल चक्र को अनुकूलित करने में मदद कर सकती है, जिससे फसल की पैदावार बढ़ाने में मदद मिलती है।

2. मृदा स्वास्थ्य निगरानी:

मृदा सेंसर और सुदूर संवेदन डेटा से प्राप्त मृदा स्वास्थ्य डेटा का विश्लेषण करने के लिए एआई और एमएल का उपयोग किया जा सकता है।

यह जानकारी किसानों को पोषक तत्वों की कमी, मिट्टी के कटाव और मिट्टी-जनित रोगों की जल्दी पहचान करने और मृदा स्वास्थ्य प्रबंधन रणनीतियों को लागू करने में मदद कर सकती है।

3. कीट और रोगों का प्रकोप भविष्यवाणी:

ऐतिहासिक मौसम डेटा और फसल निगरानी डेटा का उपयोग करके एआई और एमएल मॉडल कीट और रोगों के प्रकोप की भविष्यवाणी कर सकते हैं।

- यह जानकारी किसानों को कीटनाशकों और कवकनाशकों का उपयोग करने के सही समय की पहचान करने और फसलों को नुकसान को कम करने में मदद कर सकती है।

4. खेत का स्वचालन:

- रोबोट तकनीक और स्वायत्त वाहनों के संयोजन में एआई और एमएल का उपयोग खेत के कार्यों को स्वचालित करने के लिए किया जा सकता है, जैसे कि बुवाई, रोपाई, निराई और कटाई।
- खेत का स्वचालन श्रम लागत को कम करने, उत्पादकता बढ़ाने और किसानों को समय और संसाधन बचाने में मदद कर सकता है।

5. कृषि वित्त:

- एआई और एमएल का उपयोग किसानों के लिए क्रेडिट स्कोरिंग और ऋण जोखिम मूल्यांकन को बेहतर बनाने के लिए किया जा सकता है।
- इससे किसानों को वित्तीय सेवाओं तक पहुंचने की सुविधा हो सकती है और कृषि व्यवसायों को बढ़ाने के लिए आवश्यक पूंजी प्राप्त हो सकती है।

एआई और एमएल के उपयोग के लाभ:

- बेहतर निर्णय लेना: एआई और एमएल किसानों को डेटा-संचालित निर्णय लेने में मदद कर सकते हैं, जिससे फसल की पैदावार बढ़ाने, लागत कम करने और पर्यावरणीय प्रभाव को कम करने में मदद मिल सकती है।
- प्रदर्शन में सुधार: एआई और एमएल का उपयोग खेत के कार्यों को स्वचालित करके और कृषि प्रबंधन प्रथाओं को अनुकूलित करके कृषि व्यवसायों के समग्र प्रदर्शन को बेहतर बनाने में मदद कर सकता है।

नए अवसरों को खोलना: एआई और एमएल नए कृषि उत्पादों और सेवाओं के विकास को सक्षम कर सकते हैं और कृषि उद्योग में नवाचार को बढ़ावा दे सकते हैं।

मृदा स्वास्थ्य निगरानी अनुप्रयोगों में बड़ा डेटा और इसकी क्षमता

मृदा स्वास्थ्य कृषि प्रणालियों के दीर्घकालिक स्वास्थ्य और उत्पादकता के लिए महत्वपूर्ण है। यह विभिन्न कारकों से प्रभावित होता है, जिनमें पोषक तत्वों की उपलब्धता, कार्बनिक पदार्थ का स्तर, भौतिक गुण और जैविक गतिविधि शामिल हैं। मृदा स्वास्थ्य की निगरानी के लिए पारंपरिक तरीकों में मिट्टी के परीक्षण और दृश्य मूल्यांकन शामिल हैं, जो समय लेने वाले और श्रमसाध्य हो सकते हैं।

बड़ा डेटा, बड़ी मात्रा में डेटा का संग्रह, प्रबंधन और विश्लेषण, मृदा स्वास्थ्य निगरानी को क्रांतिकारी बनाने की क्षमता रखता है। यह डेटा विभिन्न स्रोतों से आ सकता है, जिनमें मृदा सेंसर, सुदूर संवेदन डेटा, मौसम डेटा, कृषि प्रबंधन डेटा और कृषि अनुसंधान डेटा शामिल हैं।

बड़ा डेटा मृदा स्वास्थ्य निगरानी को निम्नलिखित तरीकों से लाभ पहुंचा सकता है:

1. डेटा संग्रह और प्रबंधन: बड़े डेटा प्लेटफॉर्म विभिन्न स्रोतों से मृदा स्वास्थ्य डेटा को एकत्रित, संग्रहीत और प्रबंधित करने के लिए एक कुशल और लागत-प्रभावी तरीका प्रदान करते हैं। यह डेटा को आसानी से सुलभ और विश्लेषण के लिए तैयार बनाता है।

2. डेटा विश्लेषण और मॉडल विकास: बड़ा डेटा एनालिटिक्स तकनीक, जैसे कि मशीन लर्निंग और कृत्रिम बुद्धिमत्ता, का उपयोग मृदा स्वास्थ्य डेटा का विश्लेषण करने और मृदा स्वास्थ्य के रुझानों की पहचान करने के लिए किया जा सकता है। इन मॉडलों का उपयोग मृदा स्वास्थ्य की भविष्यवाणी करने और मृदा स्वास्थ्य में सुधार के लिए रणनीति विकसित करने के लिए भी किया जा सकता है।

3. रीयल-टाइम निगरानी: मृदा सेंसर और सुदूर संवेदन डेटा का उपयोग मृदा स्वास्थ्य की वास्तविक समय में निगरानी के लिए किया जा सकता है। यह किसानों को मृदा स्वास्थ्य में होने वाले परिवर्तनों के बारे में जल्दी से प्रतिक्रिया देने की अनुमति देता है।

4. बेहतर निर्णय लेना: मृदा स्वास्थ्य डेटा का विश्लेषण किसानों को खाद और उर्वरकों के उपयोग, जुताई प्रथाओं और अन्य मृदा प्रबंधन प्रथाओं के बारे में बेहतर निर्णय लेने में मदद कर सकता है। इससे फसल की पैदावार बढ़ाने और लागत कम करने में मदद मिल सकती है।

5. पर्यावरणीय प्रभाव को कम करना: मृदा स्वास्थ्य में सुधार करने से पर्यावरणीय प्रभाव कम करने में मदद मिल सकती है, जैसे कि मृदा अपरदन, जल प्रदूषण और ग्रीनहाउस गैस उत्सर्जन।

हालांकि, बड़े डेटा के उपयोग में कुछ चुनौतियां भी हैं, जिनमें शामिल हैं:

डेटा गुणवत्ता: मृदा स्वास्थ्य डेटा का गुणवत्तापूर्ण होना आवश्यक है ताकि इसका उपयोग सटीक मॉडल विकसित करने और निर्णय लेने के लिए किया जा सके।

डेटा एकीकरण: विभिन्न स्रोतों से मृदा स्वास्थ्य डेटा को एकीकृत करने में चुनौतियां हो सकती हैं।

डेटा विश्लेषण: बड़े डेटा का विश्लेषण करने के लिए विशेषज्ञता और संसाधनों की आवश्यकता होती है।

डेटा गोपनीयता: मृदा स्वास्थ्य डेटा में संवेदनशील जानकारी शामिल हो सकती है जिसे संरक्षित करने की आवश्यकता है।

**इन चुनौतियों के बावजूद, बड़े डेटा में मृदा स्वास्थ्य निगरानी के लिए क्रांतिकारी क्षमता है। बड़े डेटा के उपयोग से किसानों को अधिक सटीक और समयबद्ध जानकारी प्राप्त करने में सक्षम बनाया जा सकता है,

जिससे वे बेहतर निर्णय ले सकते हैं और मृदा स्वास्थ्य में सुधार कर सकते हैं।

बड़े डेटा, यानी, डेटा की विशाल मात्रा, जो संरचित और असंरचित दोनों रूपों में होती है, विभिन्न क्षेत्रों में क्रांति ला रही है। कृषि में, बड़े डेटा में मृदा स्वास्थ्य निगरानी के लिए अपार क्षमता है।

बड़े डेटा का उपयोग करके मृदा स्वास्थ्य की निगरानी के लाभ:

- व्यापक डेटा संग्रह: बड़े डेटा मृदा स्वास्थ्य के विभिन्न पहलुओं पर डेटा की एक विस्तृत श्रृंखला को एकत्रित करने की अनुमति देता है, जिसमें शामिल हैं:
  - मृदा रसायन विज्ञान
  - शारीरिक गुण
  - जैविक गतिविधि
  - पोषक तत्वों का स्तर
  - मिट्टी का कार्बनिक पदार्थ
  - मृदा के सूक्ष्म जीव
- समयबद्धता: बड़े डेटा मृदा स्वास्थ्य में परिवर्तनों को वास्तविक समय में या बहुत कम समय के अंतराल पर ट्रैक करने की अनुमति देता है।
- विस्तृत विश्लेषण: बड़े डेटा को मृदा स्वास्थ्य के रुझानों को पहचानने और मृदा स्वास्थ्य को प्रभावित करने वाले कारकों की पहचान करने के लिए विश्लेषण किया जा सकता है।
- सूचित निर्णय लेना: मृदा स्वास्थ्य के बारे में विस्तृत जानकारी किसानों को खाद और उर्वरकों के उपयोग, जुताई प्रथाओं और फसल चक्र के बारे में बेहतर निर्णय लेने में मदद कर सकती है।

मृदा स्वास्थ्य में सुधार: बड़े डेटा का उपयोग मृदा स्वास्थ्य प्रबंधन रणनीतियों को विकसित करने और कार्यान्वित करने के लिए किया जा सकता है, जिससे दीर्घकालिक रूप से मृदा स्वास्थ्य में सुधार हो सकता है।

बड़े डेटा का उपयोग करके मृदा स्वास्थ्य की निगरानी के लिए डेटा स्रोत:

मृदा सेंसर: ये इलेक्ट्रॉनिक उपकरण मृदा में विभिन्न मापदंडों को लगातार माप सकते हैं, जिनमें शामिल हैं:

नमी

तापमान

पोषक तत्वों का स्तर

पीएच

विद्‌युत चालकता

कार्बनिक पदार्थ

सुदूर संवेदन: उपग्रहों और ड्रोन से ली गई छवियों का उपयोग मृदा के प्रकार, वनस्पति कवर, मृदा नमी और अन्य मापदंडों का निर्धारण करने के लिए किया जा सकता है।

ऐतिहासिक मृदा परीक्षण डेटा: मौजूदा मृदा परीक्षण डेटा का उपयोग समय के साथ मृदा स्वास्थ्य में परिवर्तनों को ट्रैक करने के लिए किया जा सकता है।

कृषि प्रबंधन डेटा: खाद और उर्वरकों का उपयोग, जुताई प्रथाएं और फसल चक्र जैसी कृषि प्रबंधन प्रथाओं का डेटा मृदा स्वास्थ्य को प्रभावित करने वाले कारकों को समझने में मदद कर सकता है।

- मौसम डेटा: मौसम का डेटा, जैसे कि वर्षा और तापमान, मृदा स्वास्थ्य को प्रभावित कर सकता है और इसका विश्लेषण किया जा सकता है ताकि भविष्य में मृदा स्वास्थ्य में परिवर्तनों की भविष्यवाणी की जा सके।

बड़े डेटा का उपयोग करके मृदा स्वास्थ्य की निगरानी के लिए चुनौतियां:

- डेटा संग्रह और प्रबंधन: बड़ी मात्रा में डेटा को एकत्रित, संग्रहीत और प्रबंधित करना एक चुनौती हो सकती है।
- डेटा गुणवत्ता: बड़े डेटा में अक्सर डेटा गुणवत्ता के मुद्दे होते हैं, जैसे कि डेटा त्रुटियां और लापता डेटा।
- डेटा विश्लेषण: बड़े डेटा का विश्लेषण करने के लिए उन्नत कंप्यूटिंग शक्ति और डेटा विज्ञान कौशल की आवश्यकता होती है।

टिकाऊ मृदा स्वास्थ्य प्रबंधन के लिए चुनौतियां और अवसर

मृदा पृथ्वी की सबसे महत्वपूर्ण संसाधनों में से एक है, और टिकाऊ कृषि प्रथाओं के लिए स्वस्थ मिट्टी आवश्यक है। हालांकि, मृदा स्वास्थ्य कई चुनौतियों का सामना कर रहा है, जिससे मृदा के क्षरण, उर्वरता के नुकसान और फसल की पैदावार में कमी आ रही है।

टिकाऊ मृदा स्वास्थ्य प्रबंधन के लिए चुनौतियां:

मृदा अपरदन: मृदा अपरदन एक गंभीर समस्या है जो वर्षा, हवा और मानवीय गतिविधियों जैसे कि अत्यधिक चराई और जुताई के कारण हो सकती है। मृदा अपरदन मृदा के ऊपरी उपजाऊ परत को हटा देता है, जिससे उर्वरता का नुकसान होता है और फसल की पैदावार कम हो जाती है।

जैव विविधता का नुकसान: मृदा एक जटिल पारिस्थितिकी तंत्र है जिसमें विभिन्न प्रकार के सूक्ष्मजीव, केंचुए और अन्य जीव रहते हैं। ये जीव मृदा के स्वास्थ्य के लिए महत्वपूर्ण हैं क्योंकि वे पोषक तत्वों को चक्रित करते हैं, मृदा संरचना में सुधार करते हैं और कार्बनिक पदार्थों को विघटित करते हैं। हालांकि, कृषि प्रथाओं जैसे कि रासायनिक कीटनाशकों और उर्वरकों के अत्यधिक उपयोग से मृदा जैव विविदता को नुकसान पहुंच सकता है।

जलवायु परिवर्तन: जलवायु परिवर्तन मृदा स्वास्थ्य को गंभीर रूप से प्रभावित कर सकता है। अत्यधिक वर्षा और सूखा मिट्टी के कटाव को बढ़ा सकते हैं और मृदा नमी के स्तर को बदल सकते हैं। इसके अतिरिक्त, बढ़ते तापमान मृदा कार्बनिक पदार्थ के अपघटन को तेज कर सकते हैं, जिससे उर्वरता का नुकसान होता है।

पौष्टिक तत्वों की कमी: कई मिट्टी में आवश्यक पोषक तत्वों की कमी होती है, जैसे कि नाइट्रोजन, फास्फोरस और पोटेशियम। पोषक तत्वों की कमी फसल की वृद्धि और पैदावार को सीमित कर सकती है।

- भारी धातु संदूषण: औद्योगिक गतिविधियों और खनन से मिट्टी में भारी धातुओं जैसे सीसा, कैडमियम और आर्सेनिक का संदूषण हो सकता है। भारी धातु का संदूषण मिट्टी के स्वास्थ्य को नुकसान पहुंचा सकता है और खाद्य सुरक्षा को खतरे में डाल सकता है।
- लवणीयता और क्षारीयता: सिंचाई के लिए खराब गुणवत्ता वाले पानी के उपयोग से मिट्टी में लवणता और क्षारीयता बढ़ सकती है। यह मृदा के भौतिक गुणों को बिगाड़ सकता है और पौधे की वृद्धि को सीमित कर सकता है।

टिकाऊ मृदा स्वास्थ्य प्रबंधन के लिए अवसर:

- जैविक कृषि: जैविक कृषि प्रथाओं, जैसे कि जैविक खाद और खाद का उपयोग, मिट्टी के कार्बनिक पदार्थ को बढ़ाने और मृदा स्वास्थ्य में सुधार करने में मदद कर सकता है।
- कवर फसलें: कवर फसलें मिट्टी को ढकने में मदद करती हैं, जो मृदा अपरदन को रोकता है और मृदा कार्बनिक पदार्थ को बढ़ाता है।
- जुताई प्रथाओं में सुधार: जुताई प्रथाओं में सुधार, जैसे कि नो-टिल या कम-टिल प्रथाओं का उपयोग, मृदा संरचना को बेहतर बनाने और मृदा अपरदन को कम करने में मदद कर सकता है।
- कवर फसलों का उपयोग: कवर फसलें मिट्टी को ढकने और नंगेपन को रोकने में मदद करती हैं, जिससे कटाव को कम किया जा सकता है। वे मिट्टी में कार्बनिक पदार्थ भी जोड़ते हैं और पोषक तत्वों को बनाए रखते हैं।
- जुताई प्रथाओं में सुधार: कम जुताई और संरक्षण जुताई जैसी जुताई प्रथाओं को अपनाने से मिट्टी की संरचना में सुधार हो सकता है और कटाव को कम किया जा सकता है।

पोषक तत्व प्रबंधन: मृदा परीक्षण के आधार पर पोषक तत्वों का संतुलित उपयोग मिट्टी के स्वास्थ्य में सुधार कर सकता है और पर्यावरणीय प्रभाव को कम कर सकता है।

जैविक खेती: जैविक खेती रसायनों के उपयोग से बचती है, जिससे मिट्टी के स्वास्थ्य और पर्यावरण की गुणवत्ता में सुधार हो सकता है।

कृषि वानिकी: कृषि वानिकी पेड़ों और कृषि फसलों को एक साथ उगाने का अभ्यास है। यह मिट्टी के स्वास्थ्य में सुधार कर सकता है, कटाव को कम कर सकता है और किसानों की आय में वृद्धि कर सकता है।

निष्कर्ष: दीर्घकालिक मृदा स्वास्थ्य और कृषि सफलता के लिए निरंतर निगरानी और अनुकूलन का महत्व

स्वस्थ मिट्टी दीर्घकालिक कृषि सफलता की नींव है। यह न केवल फसल की पैदावार को बढ़ाती है बल्कि पर्यावरण की गुणवत्ता में भी सुधार करती है, खाद्य सुरक्षा सुनिश्चित करती है और जलवायु परिवर्तन को कम करती है। हालांकि, तेजी से बदलते पर्यावरणीय परिस्थितियों में मृदा स्वास्थ्य को बनाए रखना और सुधारना एक निरंतर प्रक्रिया है।

इसलिए, दीर्घकालिक मृदा स्वास्थ्य सुनिश्चित करने के लिए निरंतर निगरानी और अनुकूलन आवश्यक है। निरंतर निगरानी के माध्यम से, किसान मृदा स्वास्थ्य में परिवर्तनों को समय पर ट्रैक कर सकते हैं और आवश्यक कार्रवाई कर सकते हैं। अनुकूलन के माध्यम से, मृदा स्वास्थ्य प्रबंधन रणनीतियों को बदलते पर्यावरणीय परिस्थितियों के अनुसार समायोजित किया जा सकता है।

निरंतर निगरानी और अनुकूलन के महत्व को समझने के लिए, निम्नलिखित बिंदुओं पर विचार करें:

- मृदा स्वास्थ्य एक गतिशील प्रणाली है: मृदा स्वास्थ्य लगातार बदल रहा है, जो मौसम, जलवायु परिवर्तन, कृषि प्रथाओं और अन्य कारकों से प्रभावित होता है। निरंतर निगरानी के बिना, किसानों को इन परिवर्तनों से अवगत नहीं कराया जा सकता है और वे समय पर कार्रवाई करने में सक्षम नहीं हो सकते हैं।
- मृदा स्वास्थ्य मुद्दों की शुरुआती पहचान: निरंतर निगरानी मृदा स्वास्थ्य के मुद्दों, जैसे कि पोषक तत्वों की कमी, मृदा जनित रोग और मिट्टी के कटाव की शुरुआती पहचान करने में मदद कर सकती है। इससे किसान जल्दी से हस्तक्षेप कर सकते हैं और समस्याएँ बिगड़ने से पहले उन्हें ठीक कर सकते हैं।

संसाधनों का अनुकूल उपयोग: निरंतर निगरानी के माध्यम से, किसान संसाधनों, जैसे कि खाद और उर्वरकों का अधिक कुशलता से उपयोग कर सकते हैं। यह किसानों को लागत कम करने और पर्यावरणीय प्रभाव को कम करने में मदद कर सकता है।

दीर्घकालिक कृषि सफलता: निरंतर निगरानी और अनुकूलन के माध्यम से, किसान अपने खेतों में मृदा स्वास्थ्य को बनाए रखने और सुधारने के लिए दीर्घकालिक रणनीतियाँ विकसित कर सकते हैं। यह लंबे समय में फसल की पैदावार बढ़ाने में मदद कर सकता है, किसानों की आय बढ़ा सकता है और कृषि के पर्यावरणीय प्रभाव को कम कर सकता है।

निरंतर निगरानी और अनुकूलन को लागू करने के लिए, किसान निम्नलिखित कदम उठा सकते हैं:

मृदा परीक्षण: नियमित रूप से मृदा परीक्षण करवाने से किसानों को मिट्टी के पोषक तत्वों के स्तर, पीएच और कार्बनिक पदार्थ के स्तर के बारे में जानकारी मिल सकती है।

मृदा सेंसरों का उपयोग: मृदा सेंसर मृदा में विभिन्न मापदंडों, जैसे कि नमी, तापमान और पोषक तत्वों के स्तर को लगातार माप सकते हैं।

सुदूर संवेदन: सुदूर संवेदन तकनीक, जैसे कि उपग्रह इमेजरी, का उपयोग मिट्टी के प्रकार, वनस्पति कवर और मृदा नमी का निर्धारण करने के लिए किया जा सकता है।

कृषि विशेषज्ञों से परामर्श: कृषि विशेषज्ञ किसानों को मृदा स्वास्थ्य प्रबंधन के बारे में सलाह दे सकते हैं और उन्हें मृदा स्वास्थ्य के मुद्दों को हल करने में मदद कर सकते हैं।

- मृदा स्वास्थ्य के विभिन्न पहलुओं का नियमित माप और विश्लेषण: इसमें मिट्टी के रसायन विज्ञान, मिट्टी के भौतिक गुण, जैविक गतिविधि, पोषक तत्वों का स्तर, मिट्टी का कार्बनिक पदार्थ और मिट्टी के सूक्ष्मजीव शामिल हैं।

- नवीनतम मृदा स्वास्थ्य प्रौद्योगिकियों और डेटा विश्लेषण तकनीकों का उपयोग: इसमें मृदा सेंसर, सुदूर संवेदन, कृत्रिम बुद्धिमत्ता और मशीन लर्निंग शामिल हैं।
- स्थानीय परिस्थितियों के लिए अनुकूलित मृदा स्वास्थ्य प्रबंधन रणनीतियों का विकास: मृदा प्रकार, जलवायु, फसल के प्रकार और कृषि प्रबंधन प्रथाओं के आधार पर रणनीतियों को अलग-अलग करने की आवश्यकता है।
- कृषि उत्पादकों, वैज्ञानिकों और नीति निर्माताओं के बीच मृदा स्वास्थ्य के बारे में जागरूकता बढ़ाना: मृदा स्वास्थ्य को बढ़ावा देने के लिए सभी हितधारकों को एक साथ काम करने की आवश्यकता है।
- मृदा स्वास्थ्य अनुसंधान और विकास में निवेश बढ़ाना: मिट्टी के स्वास्थ्य को बनाए रखने और सुधारने के लिए नई प्रौद्योगिकियों और प्रथाओं को विकसित करने के लिए निरंतर अनुसंधान और विकास आवश्यक है।

निष्कर्ष में, निरंतर निगरानी और अनुकूलन दीर्घकालिक मृदा स्वास्थ्य और कृषि सफलता सुनिश्चित करने के लिए आवश्यक हैं। मृदा स्वास्थ्य की रक्षा करना हमारी पर्यावरणीय, आर्थिक और सामाजिक भलाई के लिए आवश्यक है। हमें अपने भविष्य को सुनिश्चित करने के लिए वर्तमान में निवेश करना चाहिए और मृदा स्वास्थ्य को प्राथमिकता देना चाहिए।

www.ingramcontent.com/pod-product-compliance
Ingram Content Group UK Ltd.
Pitfield, Milton Keynes, MK11 3LW, UK
UKHW021925190726
13853UKWH00002B/845

9 788119 855971